ZIDONG KONGZHI
YUANLI YU JISHU YANJIU

自动控制原理与技术研究

孔宪光　殷磊　著

中国水利水电出版社
www.waterpub.com.cn

内 容 提 要

本书主要论述了自动控制的基本原理与技术。全书共 8 章，其主要内容包括：绪论、自动控制系统的数学模型分析、自动控制系统的时域分析、自动控制系统的频域分析、自动控制系统的根轨迹分析、现代数字控制技术研究、计算机控制技术研究、先进控制技术探究。本书既注重理论知识的介绍，又兼顾了自动控制技术的新发展，较好地反映了自动控制理论及其技术的新进展。

本书可作为普通高校电气自动化技术、仪表及测试、机械、动力、冶金等专业的教材，也可作为成人教育和继续教育的教材，还可作为科技人员的参考用书。

图书在版编目(CIP)数据

自动控制原理与技术研究/孔宪光，殷磊著. --北京：中国水利水电出版社，2013.12 （2025.4 重印）

ISBN 978-7-5170-1507-9

Ⅰ. ①自… Ⅱ. ①孔… ②殷… Ⅲ. ①自动控制理论 Ⅳ. ①TP13

中国版本图书馆 CIP 数据核字(2013)第 298777 号

策划编辑：杨庆川 责任编辑：杨元泓 封面设计：崔 蕾

书 名	自动控制原理与技术研究
作 者	孔宪光 殷 磊 著
出版发行	中国水利水电出版社 （北京市海淀区玉渊潭南路 1 号 D 座 100038） 网址：www.waterpub.com.cn E-mail：mchannel@263.net(万水) sales@waterpub.com.cn 电话：(010)68367658(发行部)、82562819(万水)
经 售	北京科水图书销售中心(零售) 电话：(010)88383994、63202643、68545874 全国各地新华书店和相关出版物销售网点
排 版	北京鑫海胜蓝数码科技有限公司
印 刷	三河市天润建兴印务有限公司
规 格	170mm×240mm 16 开本 12.25 印张 220 千字
版 次	2014 年 1 月第 1 版 2025 年 4 月第 3 次印刷
印 数	0001—3000 册
定 价	38.00 元

前　言

自动控制技术作为技术改造与技术发展的重要手段，在国民经济和国防事业的各个部门得到了广泛的应用。自动控制以控制理论为基础，以计算机为手段，解决了一系列高科技难题，在科学技术现代化的发展与创新过程中，发挥着越来越重要的作用。

在长期的自动控制教学实践中，为了更新知识、与时俱进，有必要写作一本自动控制读本——《自动控制原理与技术研究》。本书是研究和吸纳了国内外经典著作的优点，并结合了作者多年来的教学经验和取得的科研成果，是集体智慧的结晶。

本书在写作时，既注重自动控制基本理论知识的介绍，同时也结合了自动控制技术的新发展，力求达到基础性、新颖性和科学性的统一。尽量做到语言精练，通俗易懂，并注重把握内容的深度、广度和实用性。

全书共 8 章。第 1 章论述了自动控制系统的基本概念，从而对自动控制系统有一个较为初步的认识；第 2 章对自动控制系统的数学模型进行了讨论，体现了数学模型作为理论研究的重要意义；第 3～5 章分别从三个方面对自动控制系统进行了研究，即自动控制系统的时域分析、频域分析和根轨迹分析；第 6～8 章对当前自动控制领域较为常见和前沿的自动控制技术分别进行了研究，首先讨论了现代数字控制技术，然后又分别对计算机控制技术、先进控制技术进行了探讨，体现了当前自动控制技术的发展方向。

本书在写作过程中，参考了大量有价值的文献与资料，吸取了许多人的宝贵经验，在此向这些文献的作者表示衷心的感谢。由于自动控制技术的发展日新月异，加之作者的学识和水平有限，书中疏漏和不妥之处在所难免，恳请专家和读者批评指正。

作　者

2013 年 10 月

目　　录

第1章 绪　论

在现代科学技术的众多领域中，自动控制技术起着越来越重要的作用。目前，自动控制技术已广泛地应用于工业、农业、国防和科学技术等领域。可以说，一个国家在自动控制方面水平的高低是衡量它的生产技术和科学技术先进与否的一项重要标志。

1.1 自动控制系统的概念

所谓自动控制，就是指在没有人直接操作的情况下，通过控制器使一个装置或过程（统称为控制对象）自动地按照给定的规律运行，使被控物理量或保持恒定或按一定的规律变化，其本质在于无人干预。系统是指按照某些规律结合在一起的物体（元部件）的组合，它们互相作用、互相依存，并能完成一定的任务。为实现某一控制目标所需要的所有物理部件的有机组合体称为自动控制系统。

1.2 自动控制的基本方式分析

自动控制系统的形式是多种多样的，对于某一个具体的系统，采用什么样的控制手段，要视具体的用途和目的而定。

1.2.1 开环控制方式

开环控制是一种最简单的控制方式，其特点是在控制器与被控对象之间只有正向控制作用而没有反馈控制作用，即系统的输出量对控制量没有影响。开环控制系统的框图如图 1-1 所示。

图 1-1 开环控制系统结构框图

由图 1-1 可见，这种控制系统结构简单，对于每一个参考输入量，都有一个相应的输出量与之对应。系统的精度主要取决于元器件的精度、系统的调整精度及被控对象的状态。

当系统的内部干扰和外部干扰影响不大、精度要求不高时，可采用开环控制方式。这种控制系统由于没有输出反馈，对控制量没有任何影响，因此，系统没有消除或减少偏差的功能，这是开环系统最大的缺点。

1.2.2 闭环控制方式

如果将输出量反馈到系统的输入端，并与参考输入量进行比较，这就构成闭环控制系统，其特点是控制作用并不是直接来自给定输入，而是系统的偏差信号，由偏差信号对控制对象进行控制；系统被控量的反馈信息又反过来影响系统的偏差信号，即影响控制作用的大小。闭环控制系统框图如图 1-2 所示。

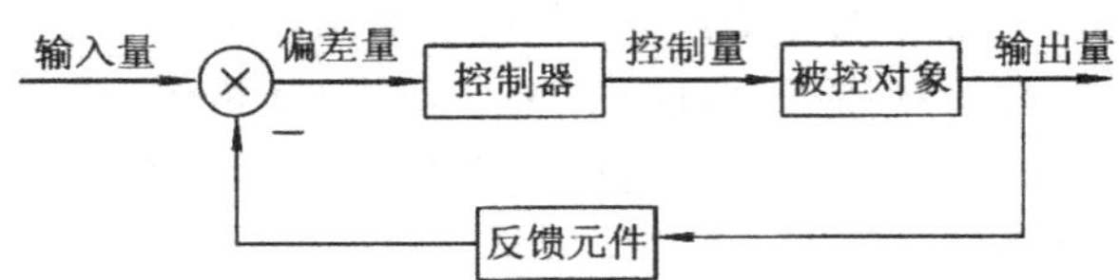

图 1-2 闭环控制系统结构框图

闭环控制的实质是利用负反馈作用来减小系统的输出误差，故又称闭环控制为反馈控制。

开环控制和闭环控制方式各有优缺点，在实际工程中，应根据工程要求及具体情况来决定。

若事先预知输入量的变化规律，又不存在外部和内部参数的变化，则采用开环控制较好。

若对系统外部干扰无法预测，系统内部参数又经常变化，为保证控制精度，采用闭环控制则更为合适。

若对系统的性能要求比较高，为了解决闭环控制精度与稳定性之间的矛盾，可以采用开环控制与闭环控制相结合的复合控制系统。

1.2.3 其他控制方式

1. 最优控制方式

最优控制是要求控制系统实现对某种性能标准的最佳控制。它通常要求优质、高产、低耗、高效率，一般与时间、燃料消耗、能源供给等有关。其中，最简单的一种最优控制是时间最优控制，它在自动化仪表、电机电压控制及轧钢机控制中得到了广泛应用。

2. 自适应控制方式

自适应控制有自动适应的能力，即当系统特性或元件参数变化或扰动作用很剧烈时，它能自动测量这些变化并自动改变系统结构与参数，使系统适应环境的变化并始终保持最优的性能指标。

3. 智能控制方式

智能控制是自动控制发展的高级阶段，是人工智能、控制论、系统论和信息论等多种学科的高度综合与集成，是一门新的交叉前沿学科。从广义上讲，智能控制是研究对复杂的不确定性被控对象(过程)采用人工智能的方法有效地克服系统的不确定性，使系统从无序到期望的有序状态转移的方法及其规律。

1.3 自动控制系统的分类方法

随着科学技术的发展，自动控制系统的应用已经渗透到各个领域之中，而且形式多种多样，性能与结构各不相同，因此可以从不同角度对其进行划分。下面列出几种分类方法。

1. 按系统的数学描述分类

(1)线性系统

当系统中各元件的输入、输出特性是线性特性，系统的状态和性能以线性微分方程或差分方程来描述时，这种系统称为线性系统。线性系统的主要特性是满足叠加原理和其次性原理，系统的时间响应特性与初始状态无关。

根据表示线性系统的方程的系数是否是时间的函数，也可将线性系统分为线性时变系统和线性定常系统。若线性微分方程的系数中有时间函数项，则称为线性时变系统；如果线性微分方程的各项系数均为与时间无关的常数，则为线性定常系统。

(2)非线性系统

当系统中至少有一个元件的输入—输出关系是非线性时，则系统的微分方程只能由非线性方程来描述，这样的系统称为非线性系统。非线性系统也有时变系统和定常系统之分，非线性常系数微分方程没有完整统一的解法，在数学上较难处理，不能应用叠加原理，研究起来也不方便，所以只能在一定条件下用近似分析的方法来处理。

2. 按系统给定输入信号的特征分类

给定信号是系统的指令信息。它代表了系统希望的输出值，反映了控制系统要完成的基本任务和职能。

(1)恒值控制系统

恒值控制系统的特点是给定输入一经设定就维持不变，希望输出维持在某一特定值上。这种系统主要任务是当被控量受某种干扰而偏离希望值时，通过自动调节的作用，使它尽可能快地恢复到希望值。系统的结构设计的好坏，直接影响到恢复的精度。如果由于结构的原因不能完全恢复到希望值时，则误差应不超过规定的允许范围。显然，要想使系统输出维持恒定，克服扰动的影响是系统设计中要解决的主要矛盾。

例如，工业中采用的液位控制系统、直流电动机调速系统，以及其他恒定压力、恒定流量、恒定温度等都属于这一类系统。

(2)随动控制系统(又称伺服系统)

随动控制系统的主要特点是给定信号的变化规律是事先不能确定的随机信号。这类系统的任务是使输出快速、准确地随给定值的变化而变化，因此，称为随动控制系统。显然，由于输入信号在不断地变化，设计好系统跟随性能就成为这类系统中要解决的主要矛盾。当然，系统的抗干扰性也不能忽视，但与跟随性相比，应放在第二位来解决。

随动系统在工业、国防中有着极为广泛的应用，例如，火炮自动控制系统、雷达跟踪系统、自动驾驶系统、函数记录仪、自动导航系统等都属于这类系统。

(3)程序控制系统

程序控制系统与随动控制系统不同之处就是它的给定输入不是随机不可知的，而是按事先预定的规律变化。这类系统往往适用于特定的生产工艺或工业过程，按所需要的控制规律给定输入，要求输出按预定的规律变化。设计这类系统比随动系统有针对性。由于变化规律已知，可根据要求事先选择方案，保证控制性能和精度。

在工业生产中广泛应用的程序控制有仿形控制系统、机床数控加工系统、加热炉温度自动控制等。

3. 按系统信号传递的形式分类

(1)连续控制系统

如果系统中各元件的输入量和输出量均为时间的连续函数,则这类系统称为连续系统。这类系统的运动规律可用微分方程来描述。

连续系统中各元件传输的信息在工程上称为模拟量,其输入输出一般用 $r(t)$ 和 $c(t)$ 表示,如图 1-3 所示。

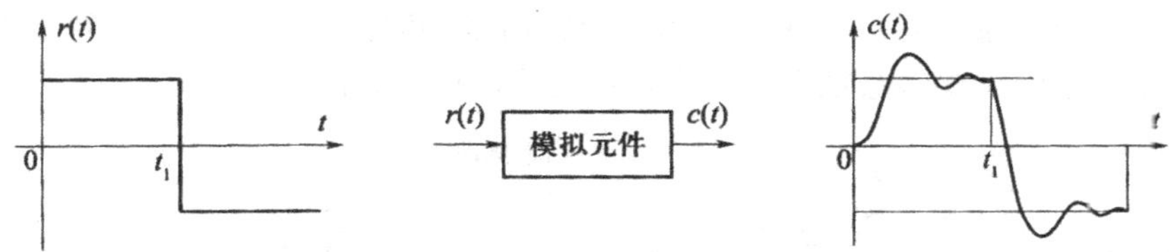

图 1-3　模拟量输入输出

(2)离散控制系统

在控制系统中,至少有一处的信号是脉冲序列或数字量时,该系统即为离散系统。这种系统的状态和性能一般采用差分方程来描述。

对连续信号采样,可以得到离散的脉冲序列,再对脉冲序列进行量化,可以得到序列的数字信号。通常把数字序列形成的离散系统称为数字控制系统。计算机控制系统是典型的数字控制系统,其结构框图如图 1-4 所示。

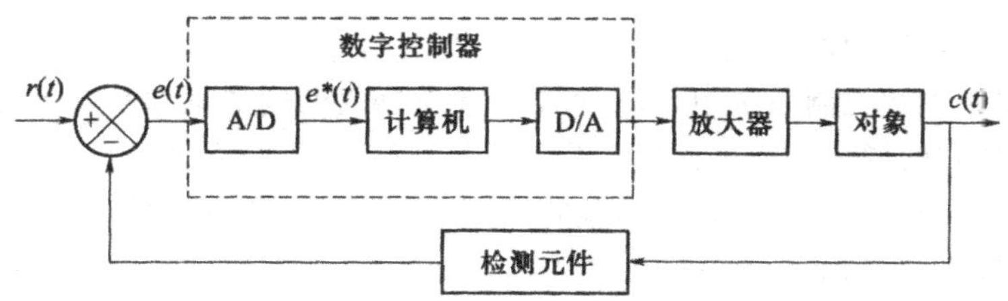

图 1-4　典型的计算机控制系统框图

4. 按系统输入与输出信号的数量分类

(1)单变量系统(Simple Input Simple Output,SISO)

所谓单变量系统,是指不考虑系统内部的通路与结构,只有一个输入量和一个输出量的控制系统,其构成框图如图 1-5 所示。单变量系统是经典控制理论的主要研究对象。

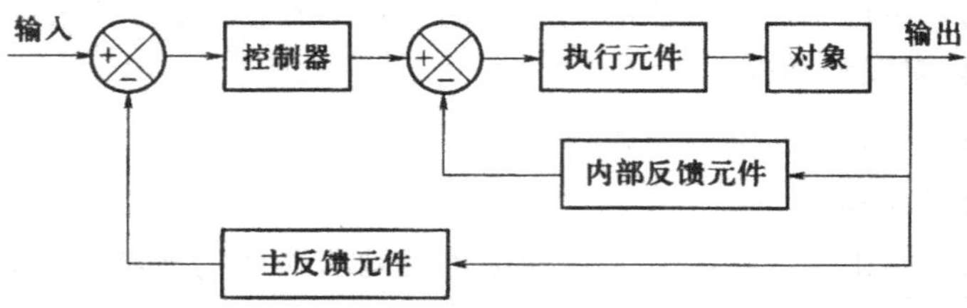

图 1-5　单变量系统构成框图

(2)多变量系统(Multiple Input Multiple Output,MIMO)

多变量系统有多个输入量和多个输出量,其特点是变量多、回路也多,且相互之间出现多路耦合。多变量系统构成框图如图 1-6 所示。

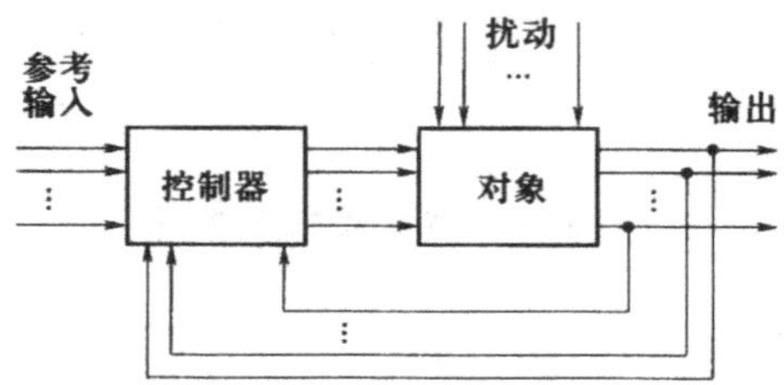

图 1-6　多变量系统构成框图

多变量系统是现代控制理论研究的主要对象,以状态空间法分析为基础。

5. 按系统参数的变化特征分类

(1)定常参数控制系统

定常参数控制系统中,所有参数都不会随着时间的推移而发生改变,因此,描述它的微分方程也就是常系数微分方程,而且对它进行观察和研究不受时间限制。只要实际系统的参数变化不太明显,一般都视做定常系统,因为绝对的定常系统是不存在的。

(2)时变参数控制系统

时变参数控制系统中,部分或全部参数将会随着时间的推移而发生改变,因此,描述它的运动规律就要用变系数微分方程,系统的性质也会随时间变化,当然也就不允许用此刻观测的系统性能去代替另一时刻的系统性能。

6. 按系统本身或信号的确定与不确定分类

(1)确定性系统

确定性系统的结构和传输是确定的、已知的,作用于系统的输入信号

(包括扰动)也是确定的,可用分析式和图表来确切地表示。完全确定的系统是没有的,对一些不确定、变化或偏差,只要不影响系统的分析,就可认为是确定的。

(2)不确定性系统

不确定性系统本身和作用于系统的信号有的不确定或模糊。如系统的输入信号是随机的或者混有随机噪声,就是一种简单的情况,它们不能用一定的时间函数来描述。

此外,还可以从其他角度对系统进行分类,如按照系统的结构特征还可分为开环控制系统和闭环控制系统;按系统能否用常微分方程来描述还可分为集中参数系统和分布参数系统等。

1.4　对自动控制系统的基本要求

由于控制目的及应用场合的不同,对自动控制系统的要求也不尽相同。但自动控制技术是研究各种控制系统共同规律的一门技术,故对自动控制系统有一些基本要求,一般可归纳为以下几个方面①。

1.4.1　稳定性

稳定性是保证控制系统正常工作的先决条件之一,是动态过程中的振荡倾向和系统能够恢复平衡状态的能力。一个稳定的系统在偏离平衡状态后,其输出信号应该随着时间而收敛,最后回到初始的平衡状态。

当系统被施加一个新的给定值或受到扰动后,如果经过一段时间的动态过程,在反馈的作用下,通过系统内部的自动调节,被控量随时间收敛并最终恢复至原来的平衡状态或达到一个新的平衡状态,则该系统是稳定的,如图 1-7(a)所示。如果被控量随时间发散,从而失去平衡,则系统是不稳定的,如图 1-7(b)所示。

显然,不稳定的系统是无法进行工作的,因此,对任何自动控制系统,首要的条件便是系统能稳定正常运行。另外,对于系统稳定性的要求要达到一定的稳定裕量,以免由于系统参数随环境等因素的变化而导致系统进入不稳定状态。

---

① 贺力克.自动控制技术.北京:科学出版社,2009.

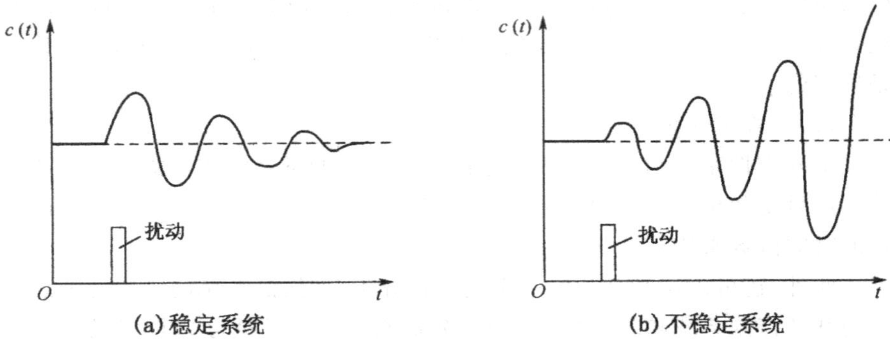

(a)稳定系统 (b)不稳定系统

图 1-7 稳定系统与不稳定系统

1.4.2 快速性

快速性是通过动态过程时间长短来表征的，如图 1-8 所示。过渡过程时间越短，表明快速性越好，反之亦然。快速性表明了系统输出 $c(t)$ 对输入 $r(t)$ 响应的快慢程度。系统响应越快，说明系统的输出复现输入信号的能力越强。

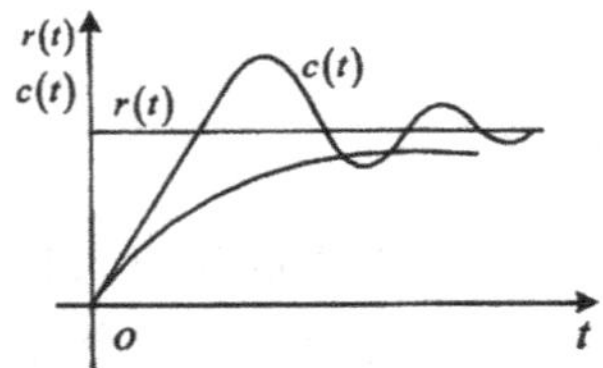

图 1-8 控制系统的快速性

1.4.3 准确性

理想情况下，当过渡过程结束后，被控量达到的稳态值(即平衡状态)应与期望值一直。但实际上，由于系统结构，外作用形式以及摩擦、间隙等非线性因素的影响，被控量的稳态值与期望值之间会有误差存在，用稳态误差 e_{ss} 来表示。

如果在参考输入信号作用下，当系统达到稳态后，其稳态输出与参考输入所要求的期望输出之差叫做给定稳态误差，如图 1-9 所示。显然，这种误差越小，表示系统的输出跟随参考输入的精度越高。它反映了系统的稳态精度。若系统的最终误差为零，则称为无差系统，否则称为有差系统。

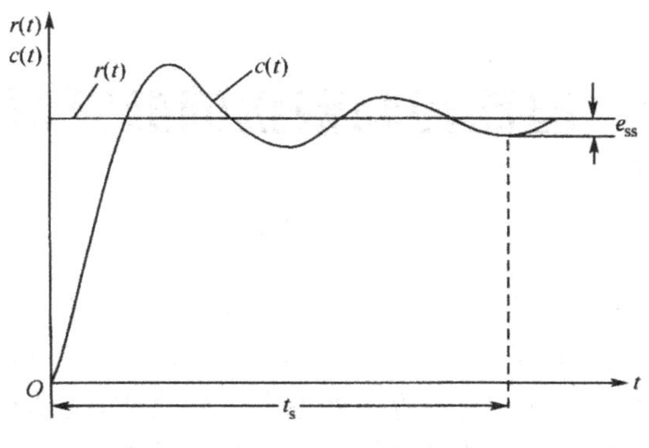

图 1-9　控制系统的稳态精度

然而，上述这些指标要求，在同一个系统中往往是相互矛盾的。这就需要根据具体对象所提出的要求，对其中的某些指标有所侧重，同时又要注意统筹兼顾。

第 2 章　自动控制系统的数学模型分析

为分析、研究系统的动态特性或对系统进行控制，有必要了解其工作特性与运行规律，建立系统的数学模型是非常重要的一步。自动控制系统的数学模型蕴藏了系统输出与输入之间内在的客观规律，通过建立系统的数学模型，并对其分析研究，就可以描述系统的动态性能，揭示系统的结构、参数与动态性能之间的关系。

2.1　系统的数学模型概述

描述自动控制系统及子系统的输入输出变量之间静态或动态关系的数学表达公式或图表称为控制系统的数学模型。

描述控制系统数学模型的形式不止一种，根据所采用的数学工具不同，可以有不同的形式。但它们彼此之间有紧密的联系，各有特长和最适用的场合。时域中常用的数学模型有微分方程、状态方程和差分方程；复域中有结构图、传递函数；频域中有频率特性等。在研究系统性能时，究竟选用哪一种类型好，要依据具体情况，以便于分析为准则。

自动控制系统的分析和研究主要依赖于系统的数学模型，因此，建立的数学模型是否合理和准确是至关重要的。建立数学模型有两种基本方法：

(1)实验法

实验法是根据系统对某些典型输入信号的响应或其他实验数据建立数学模型，人为地给系统施加某种测试信号，记录其输出响应，并用适当的数学模型去逼近。实际上只有部分系统的数学模型，当它们主要由简单的环节组成，才能够根据机理分析推导而得，但相当多的系统，尤其是复杂系统，当涉及的因素较多时，往往需要通过实验方法去建立数学模型，即根据实验数据进行整理，并拟合出比较接近实际系统的数学模型。这种实验数据建立数学模型的方法亦称为系统辨识。近几年来，系统辨识已发展成一门独立的学科分支。

(2)分析法

分析法是对系统各部分的运动机理进行分析,根据它们所依据的物理规律或化学规律分别列写出相应的运动方程(数学表达式),从而建立系统的数学模型。例如,建立电网络的数学模型要根据欧姆定律、基尔霍夫定律;建立机械系统的数学模型要根据胡克定律、牛顿定律;建立电机的数学模型要用到上述几种定律;建立液压系统的数学模型,还要应用流体力学的有关定律;还有热力学中有热力学定律以及能量守恒定律等。在列写方程的过程中往往要进行必要的简化,如线性化,即忽略一些次要的非线性因素,或在工作点附近将非线性函数近似线性化;另外,常用的简化手段是采用集中参数法,如质量集中在质心、集中载荷等。

2.2 控制系统微分方程的建立

微分方程是系统数学模型最基本的表达形式,利用它可以得到描述系统其他形式的数学模型。微分方程是在时域内描述系统或元件动态特性的数学表达式。通过求解微分方程,就可以获得系统在输入量作用下的输出量。

2.2.1 列写微分方程的一般步骤

对于一般物理系统的微分方程的建立过程,无论系统结构多么简单或多么复杂,以下步骤总是存在的。列写微分方程的一般步骤如下①:

①确定系统或各组成元件的输入量、输出量。首先要分析系统及各组成元件的组成结构和工作原理,然后找出各变量(物理量)之间的关系。最终确定系统或各组成元件的输入量和输出量。系统的输入量一般包括系统的给定输入量或干扰输入量,而系统的输出量是指系统的被控制量。对于一个环节或元件而言,应该按系统信号的传递情况来确定输入量和输出量。

②按照信号的传递顺序,从系统输入端开始,根据各变量所遵循的运动规律或物理定律(如电网络中的基尔霍夫定律,力学中的牛顿定律,热力系统的热力学定律以及能量守恒定律等),列写出传递过程中各环节的动态微分方程(一般为微分方程组)。

① 田思庆,梁春英,程佳生.自动控制理论.北京:中国水利水电出版社,2008.

列写时按照系统的工作条件，忽略一些次要因素，对已建立的原始动态微分方程进行数学处理，如对非线性项进行线性化处理等。并考虑相邻元件间是否存在负载效应，负载效应实质上是一种内在反馈。

③消除所列各微分方程的中间变量，最终得到描述系统的输入量、输出量之间关系的微分方程。

④整理所得微分方程。一般将与输出量有关的各项都放在微分方程等号的左侧，与输入量有关的各项放都在方程等号的右侧，并且降幂排列各阶导数项。

为了研究方便，通常情况下，如果系统中包含非本质非线性的元件或环节，通常可将其进行线性化。在非线性特性中，有些具有间断点、折断点或非单值关系，这些非线性特性称为本质非线性。具有本质非线性的系统，只能用非线性理论去处理。对于具有非本质非线性特性的系统，可用线性化处理的数学模型来近似表示非线性系统。非线性系统线性化的方法是将变量的非线性函数在系统某一平衡点（亦称工作点）附近按泰勒级数展开，分解成这些变量在该平衡点附近的微增量表达式，然后除去高于一阶增量的项，将其写成增量坐标表示的微分方程。

2.2.2 非线性微分方程的线性化

通常把由线性微分方程描述的系统称为线性系统。线性系统的一个最重要的特点是可以运用叠加原理。当系统同时有多个输入时，可以对每个输入单独考虑，得到与每个输入对应的输出响应。这就给系统的分析研究带来了极大的方便。现今线性系统的理论已经发展得相当成熟。

严格地说，实际元件的输入量和输出量都存在不同程度的非线性，因此，纯粹的线性系统几乎不存在。例如，元件的不灵敏区、机械传动的间隙与摩擦、元件在大信号作用下的饱和性等。因此，导致系统成为非线性系统，它们的动态方程应是非线性微分方程。对于高阶非线性微分方程，在数学上不能求得一般形式的解。因而对非线性元件和系统的研究在理论上很困难。控制工作者采取的一个常用办法就是在可能的条件下，把非线性方程用线性方程代替，这就是非线性方程的线性化。线性化的关键是将其中的非线性函数线性化。

线性化的方法常用的称为小偏差法或切线法。只要变量的非线性函数在工作点处有导数或偏导数存在，就可以将非线性函数展开成泰勒级数，分解成这些变量在工作点附近的小增量的表达式，然后省略去高于一次的小增量项，就可以获得近似的线性函数。

对于以一个自变量作为输入量的非线性函数 $y=f(x)$，在平衡工作点 (x_0, y_0) 附近展开成泰勒级数，则有

$$y=f(x)=f(x_0)+\frac{\mathrm{d}f(x_0)}{\mathrm{d}x}(x-x_0)+\frac{1}{2!}\frac{\mathrm{d}^2 f(x_0)}{\mathrm{d}x^2}(x-x_0)^2+\frac{1}{3!}\frac{\mathrm{d}^3 f(x_0)}{\mathrm{d}x^3}(x-x_0)+\cdots$$

略去高于一次增量 $\Delta x=x-x_0$ 的项，便有

$$y=f(x)=f(x_0)+\frac{\mathrm{d}f(x_0)}{\mathrm{d}x}(x-x_0) \tag{2-1}$$

或

$$y-y_0=\Delta y=K\Delta x \tag{2-2}$$

式中，$y_0=f(x_0)$；$K=\frac{\mathrm{d}f(x_0)}{\mathrm{d}x}$。

式(2-21)或式(2-2)就是非线性系统的线性化数学模型。式(2-2)为增量方程。

线性化时要注意以下几点：

①线性化往往是相对某一工作点(平衡点)的，工作点不同，则所得到的线性化方程的系数也往往不同，因此，在线性化之前，必须确定元件的工作点。

②增量方程中可认为其初始条件为零，即将广义坐标原点平移到额定工作点(平衡点)处。

③变量的偏差越小，则线性化的程度越高。

④线性化只适用于没有间断点、折断点的单值函数。

⑤对于严重非线性元件，原则上不能用小偏差法进行线性化，应作为非线性问题专门处理。

2.3　控制系统的传递函数探析

直接求解描述系统的微分方程，可以获得确定初始条件和外力作用下系统输出的时间响应，反映系统的动态过程。但是当系统的某个参数发生变化时，就需要重新列写微分方程，并求解之。微分方程的阶次越高，这种计算就越复杂。因此，经典控制理论通常是通过拉普拉斯变换将线性微分方程转换为复数域的数学模型——传递函数，从而间接地分析系统结构参数对时间响应的影响。通过传递函数之间的运算和拉普拉斯逆变换得到时

域解，简化了计算过程。

2.3.1 传递函数概述

1. 传递函数的定义[①]

传递函数是在零初始条件下，线性定常系统输出量的拉普拉斯变换与输入量的拉普拉斯变换之比。

线性定常系统的微分方程一般为

$$a_n\frac{\mathrm{d}^n c(t)}{\mathrm{d}t^n}+a_{n-1}\frac{\mathrm{d}^{n-1}c(t)}{\mathrm{d}t^{n-1}}+\cdots+a_1\frac{\mathrm{d}c(t)}{\mathrm{d}t}+a_0c(t)=$$

$$b_m\frac{\mathrm{d}^m r(t)}{\mathrm{d}t^m}+b_{m-1}\frac{\mathrm{d}^{m-1}r(t)}{\mathrm{d}t^{m-1}}+\cdots+b_1\frac{\mathrm{d}r(t)}{\mathrm{d}t}+b_0r(t) \tag{2-3}$$

式中，$c(t)$ 为输出量；$r(t)$ 为输入量；$a_n, a_{n-1}, \cdots, a_0$ 及 $b_m, b_{m-1}, \cdots, b_0$ 均为由系统结构、参数决定的常系数。

在零初始条件下，对式(2-3)两端进行拉普拉斯变换，可得相应的代数方程为

$$(a_ns^n+a_{n-1}s^{n-1}+\cdots+a_1s+a_0)C(s)=$$

$$(b_ms^m+b_{m-1}s^{m-1}+\cdots+b_1s+b_0)R(s) \tag{2-4}$$

系统的传递函数为

$$G(s)=\frac{C(s)}{R(s)}=\frac{b_ms^m+b_{m-1}s^{m-1}+\cdots+b_1s+b_0}{a_ns^n+a_{n-1}s^{n-1}+\cdots+a_1s+a_0}=\frac{M(s)}{N(s)} \tag{2-5}$$

式中，$M(s)$ 为传递函数的分子多项式；$N(s)$ 为传递函数的分母多项式。

传递函数是在零初始条件下定义的。零初始条件有两方面含义，即一是指输入作用是在 $t=0$ 以后才作用于系统，因此，系统输入量及其各阶导数在 $t\leqslant 0$ 时均为零；二是指输入作用于系统之前，系统是“相对静止”的，即系统输出量及各阶导数在 $t\leqslant 0$ 时的值也为零。大多数实际工程系统都满足这样的条件。零初始条件的规定不仅能简化运算，而且有利于在同等条件下比较系统性能。

实际求元部件的传递函数时必须考虑负载效应，所求的传递函数应当反映元部件正常负载时工作的特性。例如，电动机空载时的特性不能反映负载运行时的特性。

2. 传递函数的特点

传递函数是控制工程中非常重要的基本概念，它是分析线性定常系统

① 王仲民. 机械控制工程基础. 北京：国防工业出版社，2010.

的有力工具，具有以下特点：

①作为一种数学模型，传递函数只适用于线性定常系统。这是由于传递函数是经拉普拉斯变换导出的，而拉普拉斯变换是一种线性积分运算。

②传递函数是以系统本身的参数描述的线性定常系统输入量与输出量在初始条件为零关系下的关系式，它表达了系统内在的固有特性，只与系统的结构、参数有关，而与输入量或输入函数的形式无关。

③传递函数可以是无量纲的，也可以是有量纲的，视系统的输入、输出量而定，它包含着联系输入量与输出量所必需的单位，它不能表明系统的物理特性和物理结构。许多物理性质不同的系统，有着相同的传递函数，正如一些不同的物理现象可以用相同的微分方程描述一样。

④当系统输入典型信号时，输出与输入有对应关系。特别地，当输入是单位脉冲信号时，传递函数就表示系统的输出函数。因而，也可以把传递函数看成单值脉冲响应的像函数。

⑤传递函数式(2-5)也可改写成

$$G(s)=\frac{b_m s^m+b_{m-1}s^{m-1}+\cdots+b_1 s+b_0}{a_n s^n+a_{n-1}s^{n-1}+\cdots+a_1 s+a_0}=K\cdot\frac{\prod_{j=1}^{m}(s+z_j)}{\prod_{i=1}^{n}(s+p_i)} \tag{2-6}$$

式中，K 为常数；$z_1,z_2,\cdots,z_m$ 为分子多项式 $M(s)=0$ 的根，称为零点；$p_1,p_2,\cdots,p_n$ 为分母多项式 $N(s)=0$ 的根，称为极点，其中 $N(s)=0$ 为微分方程的特征方程，传递函数的极点就是特征方程的根，它决定了系统动态过程的性质。

⑥传递函数分母多项式称为特征多项式，记为 $D(s)=a_0s^n+a_1s^{n-1}+\cdots+a_{n-1}s+a_n$，而 $D(s)=0$ 称为特征方程。传递函数分母多项式的阶次总是大于或等于分子多项式的阶次，即 $n\geqslant m$，这是由实际系统的惯性所造成的。

⑦传递函数的极点就是系统的特征根，它们决定了系统响应的模态(响应形式)。

⑧传递函数的零点不形成系统运动的模态，即不会影响相应形式，但其影响各模态在响应中所占的比重。

2.3.2　典型环节的传递函数

自动控制系统是由若干元件组成的，这些元件从物理结构及作用原理上来看，是各式各样互不相同的。但从动态性能或数学模型来看，却可以分成为数不多的基本环节，这就是典型环节。不同的物理系统，可以是同一种环节，同一个物理系统也可能成为不同的环节，这是与描述它们动态特性的微分方程相对应的。总之，典型环节是从数学模型上来划分的，也就是按元件的动态特性来划分。这种划分着重突出元件的动态性能，对系统的分析研究带来很大方便。

常用的典型环节有比例环节、惯性环节、微分环节、积分环节、振荡环节和延迟环节等。

1. 比例环节

比例环节也称为无惯性环节、放大环节及零阶环节，它的输出量和输入量是成正比的，输出不失真也不延迟。而是按照比例反映输入量的环节称之为比例环节。即

$$x_0(t)=kx_i(t)c(t)=Kr(t)$$

式中，$c(t)$ 是输出量；$r(t)$ 是输入量；K 是比例环节的放大系数或增益（常数）。

比例环节的传递函数为

$$G(s)=\frac{C(s)}{R(s)}=K$$

几乎每一个控制系统中都有比例环节，例如，运算放大器、齿轮减速器、旋转变压器、电位器、光电码盘等都可以看成是比例环节。

2. 惯性环节

惯性环节又称非周期环节或一阶惯性环节。在惯性环节中，总是含有一个储能元件，对于突变形式的输入 $r(t)$，其对应的输出 $c(t)$ 不能立即复现，输出 $c(t)$ 通常总是落后于输入 $r(t)$。惯性环节一般包括一个储能元件和一个耗能元件。其一阶微分方程形式为

$$T\frac{\mathrm{d}c(t)}{\mathrm{d}t}+c(t)=Kr(t)$$

假设初始状态为零，则将上式中两边同时进行拉普拉斯变换，可得：

$$TsC(s)+C(s)=KR(s)$$

于是有

$$G(s)=\frac{C(s)}{R(s)}=\frac{K}{Ts+1}$$

式中，T 是惯性环节的时间常数；K 是惯性环节的放大系数或增益。

当输入为单位阶跃函数时，其单位阶跃响应应为

$$c(t)=L^{-1}[C(s)]=L^{-1}\left[\frac{K}{Ts+1}\cdot\frac{1}{s}\right]=K(1-\mathrm{e}^{-\frac{t}{T}})$$

单位阶跃响应曲线如图 2-1(当 $K=1$ 时)所示，它是一条按指数规律上升的曲线，经 $3T \sim 4T$ 输出接近稳态值。

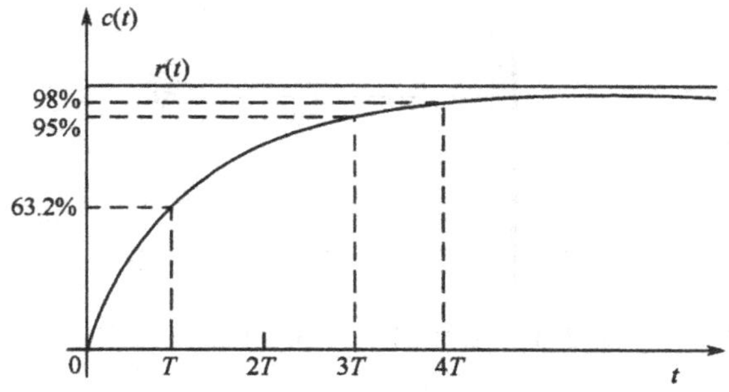

图 2-1　惯性环节的单位阶跃响应曲线

惯性环节实例很多，如图 2-2 所示的 RL 网络，输入为电压 u，输出为电感电流 i，其传递函数为

$$G(s)=\frac{I(s)}{U(s)}=\frac{1}{Ls+R}=\frac{1/R}{\frac{L}{R}s+1}=\frac{K}{Ts+1}$$

式中，$T=\frac{L}{R}$；$K=\frac{1}{R}$。

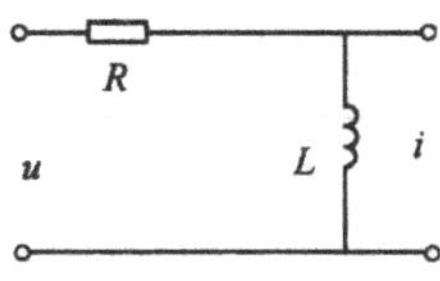

图 2-2　RL 网络

3. 微分环节

理想的微分环节，其输出是输入信号对时间的微分。也就是说，输出量与输入量的变化率成正比。它的微分方程为

$$c(t)=T\frac{\mathrm{d}r(t)}{\mathrm{d}t}$$

其传递函数为

$$G(s)=\frac{C(s)}{R(s)}=Ts$$

式中，T 为微分环节的时间常数。

微分环节的单位阶跃响应为

$$c(t)=T\delta(t)$$

由于阶跃信号在 $t=0$ 时刻有一个跃变，其他时刻均不变化，所以微分环节对阶跃信号的响应只在 $t=0$ 时产生一个响应脉冲，如图 2-3 所示。

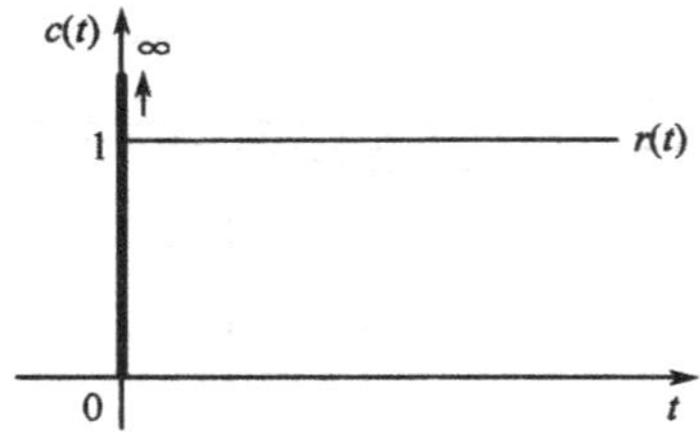

图 2-3　理性微分环节的阶跃响应

理想微分环节实际上难以实现，因此，通常采用带有惯性的微分环节，其传递函数为

$$G(s)=\frac{KTs}{Ts+1}$$

其单位阶跃响应为

$$c(t)=Ke^{-\frac{t}{T}}$$

曲线如图 2-4 所示。实际微分环节的阶跃响应是按指数规律下降的，若 K 值很大而 T 值很小时，实际微分环节就越接近于理想微分环节。

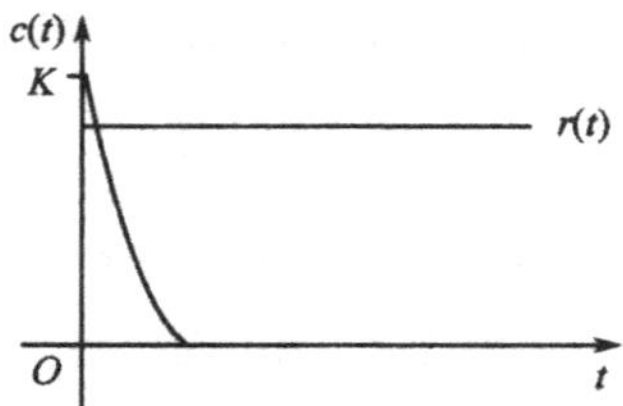

图 2-4　实际微分环节的单位阶跃响应

如图 2-5 所示为 RC 网络构成的实际微分环节，输入为 $u_i(t)$，输出为 $u_0(t)$，其微分方程为

$$RC=\frac{du_0(t)}{dt}+u_0(t)=RC\frac{du_i(t)}{dt}$$

其传递函数为

$$G(s)=\frac{U_0(s)}{U_i(s)}=\frac{RCs}{RCs+1}=\frac{Ts}{Ts+1}$$

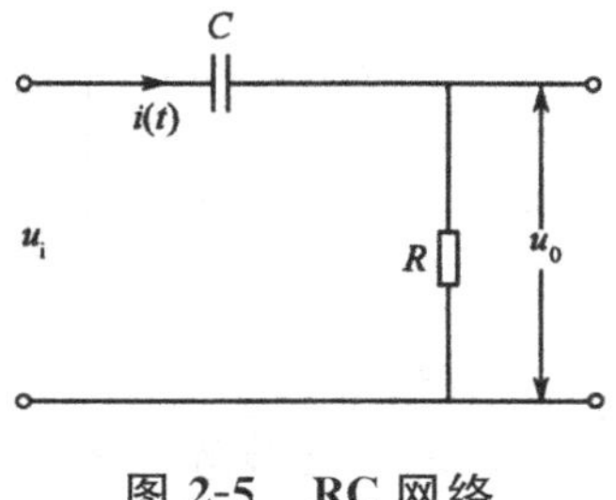

图 2-5　RC 网络

4. 积分环节

如果一个环节的输出量正比于输入量对时间的积分，则这样的环节称为积分环节，其动态特征方程为

$$c(t)=\frac{1}{T_i}\int_0^t r(t)\mathrm{d}t$$

其传递函数为

$$G(s)=\frac{C(s)}{R(s)}=\frac{1}{Ts}$$

式中，T 为积分环节的时间常数。

积分环节单位阶跃响应为

$$c(t)=\frac{1}{T}t$$

它随时间直线增长，积分作用的强弱由积分环节的时间常数 T 决定，T 越小，积分作用越强，积分停止，输出维持不变，故积分环节具有记忆功能，如图 2-6 所示。

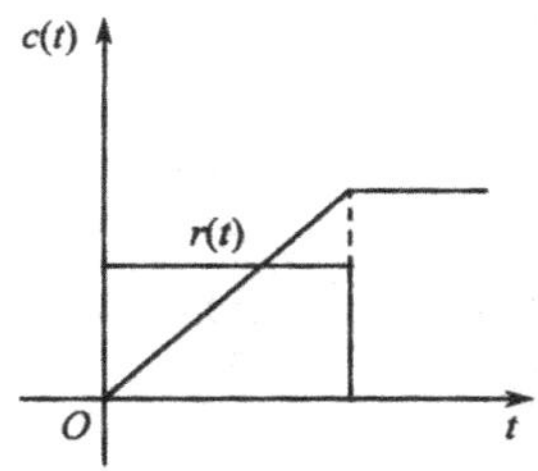

图 2-6　积分环节的响应曲线

如图 2-7 所示为运算放大器构成的积分环节，输入为 $u_i(t)$，输出为 $u_0(t)$，其传递函数为

$$G(s)=\frac{U_0(s)}{U_i(s)}=-\frac{1}{RCs}=-\frac{1}{Ts}$$

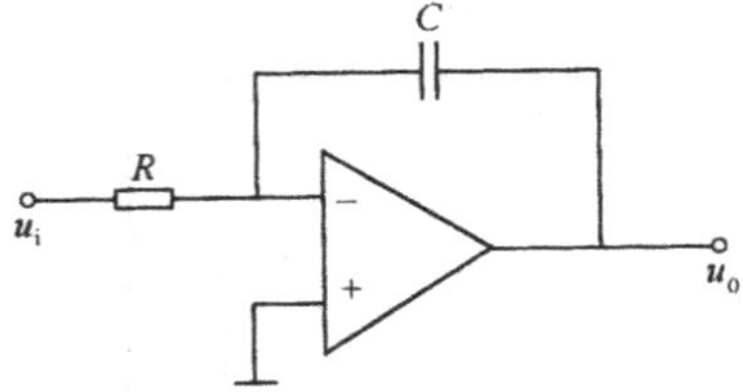

图 2-7　运算放大器

5. 振荡环节

振荡环节又称二阶振荡函数，是一个二阶环节，它含有两个储能元件，并且所储存的能量能够相互转换，从而导致输出带有振荡的特性，其动态方程为

$$T^2\frac{\mathrm{d}^2c(t)}{\mathrm{d}t^2}+2\xi T\frac{\mathrm{d}c(t)}{\mathrm{d}t}+c(t)=r(t)$$

其传递函数为

$$G(s)=\frac{C(s)}{R(s)}=\frac{1}{T^2s^2+2\xi Ts+1}$$

或

$$G(s)=\frac{\omega_n^2}{s^2+2\xi\omega_n s+\omega_n^2}$$

式中，$T>0, 0\leqslant\xi<1, \omega_n^2=\frac{1}{T}$，$T$ 称为振荡环节的时间常数；ξ 称为阻尼比，ω_n 称为自然振荡频率。

如图 2-8 所示的 RLC 网络，输入为 $u_i(t)$，输出为 $u_0(t)$，其微分方程为

$$LC\frac{\mathrm{d}^2u_0(t)}{\mathrm{d}t^2}+RC\frac{\mathrm{d}u_0(t)}{\mathrm{d}t}+u_0(t)=u_i(t)$$

其传递函数为

$$G(s)=\frac{U_0(t)}{U_i(t)}=\frac{1}{LCs^2+RCs+1}=\frac{\omega_n^2}{s^2+2\xi\omega_n s+\omega_n^2}$$

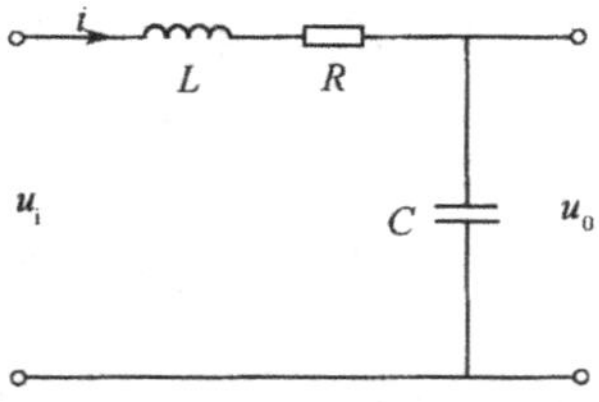

图 2-8　RLC 网络

式中，$\omega_n=\sqrt{\frac{1}{LC}}$；$\xi=\frac{R}{2}\sqrt{\frac{C}{L}}$。

6. 延迟环节

延迟环节或称延时环节，是输出滞后输入的时间 τ，而不失真地反映输入的环节，其动态方程为

$$c(t)=r(t-\tau)$$

其传递函数是一个超函数

$$G(s)=\frac{C(s)}{R(s)}=\mathrm{e}^{-\tau s}$$

式中，τ 为常数，称为该环节的延迟时间。

需要指出的是，在实际生产中，有很多场合是存在延迟的，比如皮带或管道输送过程、管道反应和管道混合过程，多个设备串联及测量装置系统等。延迟过大往往会使控制效果恶化，甚至使系统失去稳定。

延迟环节的单位阶跃响应如图 2-9 所示。

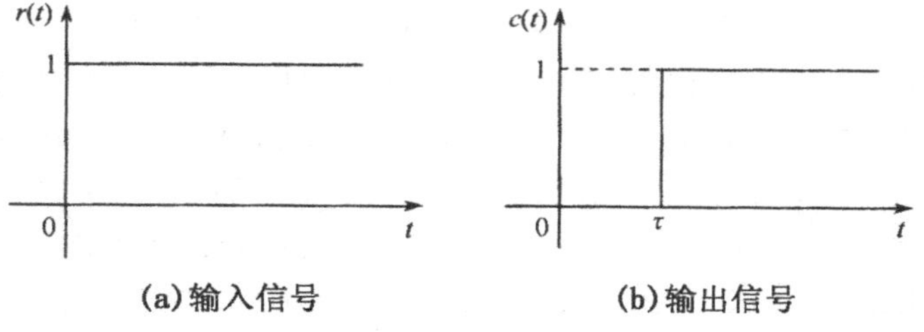

(a) 输入信号　　(b) 输出信号

图 2-9　延迟环节的单位阶跃响应

延迟环节与惯性环节不同，惯性环节的输出从输入的瞬间就有了，但需要延迟一段时间才接近于所要求的输出量。延迟环节在输入开始的时间 τ 内并无输出，而是在 τ 时间后，输出就完全等于从一开始起的输入，并且不再有其他滞后过程，从波形上来说是整体向后平移了一个 τ 时间。即输出等于输入，只是在时间上延时了一段 τ 时间间隔。

2.4　控制系统的方框图

2.4.1　系统框图的组成与绘制

控制系统的传递函数方框图又称为动态结构图，简称框图，它们是以图形表示的数学模型，是系统动态特性的图解形式。框图非常清楚地表示出

输入信号在系统各元件之间的传递过程，利用它可以方便地求出复杂系统的传递函数。框图是分析控制系统的一个简明而有效的工具。

1. 系统框图的组成

系统框图由四种基本符号组成，即信号线、综合点、引出点和表示系统环节的方框，如图 2-10 所示。

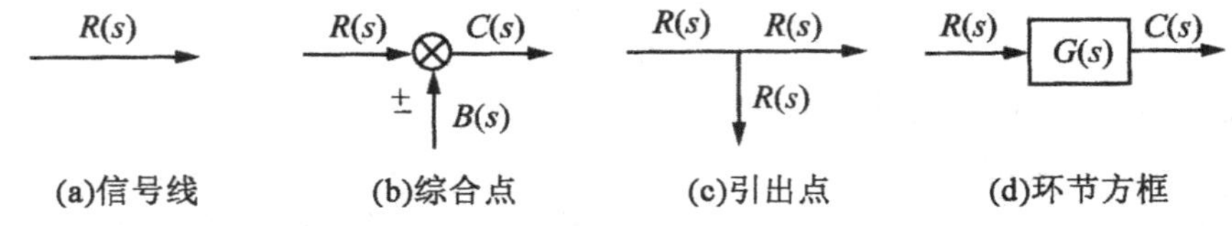

图 2-10　系统框图的基本组成符号

①信号线：是带有箭头的直线，直线表示信号的路径，箭头表示信号的流向，在信号线上可以标注信号的复域名称，如图 2-10(a)所示。

②综合点：也称比较点，表示对两个或两个以上的信号代数相加，“＋”号表示相加，“－”号表示相减，“＋”通常可省略，如图 2-10(b)所示。

③引出点：也称分离点，表示信号引出或测量的位置。从同一位置引出的各信号之间不存在分流关系，因此，它们在大小和性质方面完全相同，如图 2-10(c)所示。

④环节方框：表示某环节对信号进行的实际变换。方框中写入环节的传递函数，如图 2-10(d)所示。

2. 系统框图的绘制

系统框图的绘制有以下三个步骤：

①列出每个元件的原始方程(可以保留所有变量，这样在结构图中可以明显看出各元件的内部结构和变量，便于分析作用原理)，要考虑相互之间的负载效应。

②设初始条件为零，对这些方程进行拉普拉斯变换，并将每个变换后的方程，分别以一个方框的形式将因果关系表示出来，而且这些方框中的传递函数都具有典型环节的形式。

③将这些方框单元按信号流向连接起来，就组成了完整的框图。

2.4.2　系统框图的等效变换与简化

在控制系统中，一个复杂的系统框图中一般有三种基本连接方式：串联、并联和反馈连接。对于实际工程应用中的复杂控制系统，系统框图通常用多回路的框图表示，其结构相当复杂。为了便于分析、研究与计算这类复杂的控制系统，常常需要利用传递函数方框图的等效变换原则对系统框图进行简化。

传递函数方框图的等效变换原则是：变换前后整个系统的输入输出传递函数保持不变。

1. 系统框图的等效变换

(1)串联环节的等效变换

在控制系统中，串联环节是最常见的一种结构形式，其特点是前一环节的输出量即为后一环节的输入量，如图 2-11(a)所示。

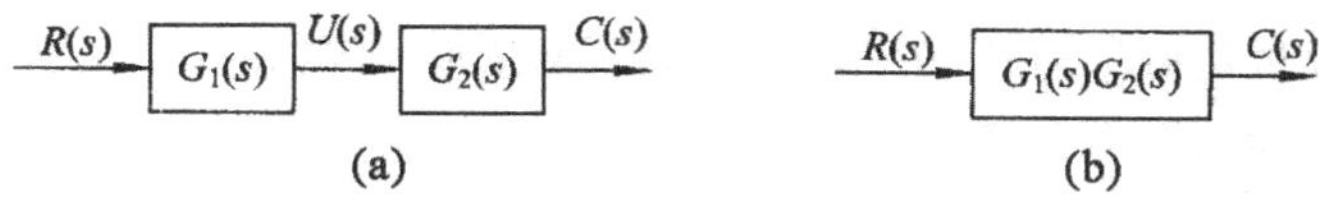

图 2-11　串联变换

由图 2-11(a)可知：

$$U(s)=G_1(s)R(s)$$

$$C(s)=G_2(s)U(s)$$

消去变量 $U(s)$ 得

$$C(s)=G_2(s)U(s)=G_2(s)G_1(s)R(s)$$

则

$$G(s)=\frac{C(s)}{R(s)}=G_1(s)G_2(s)$$

合并后的框图如图 2-11(b)所示。由此可知，两个或两个以上环节串联(相互之间无负载效应的影响)，其等效传递函数等于各个环节的传递函数之积。

(2)并联环节的等效变换

并联各环节有相同的输入量，而输出量等于各环节输出量之代数和，如图 2-12(a)所示。

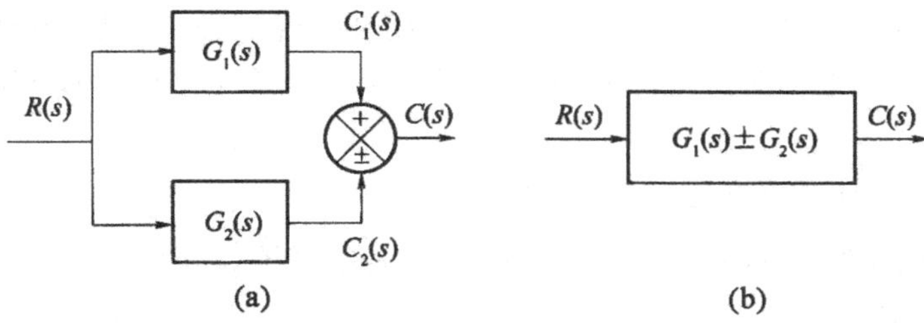

图 2-12　并联变换

由图 2-12(a)可知：

$$C_1(s)=G_1(s)R(s)$$

$$C_2(s)=G_2(s)R(s)$$

$$C(s)=C_1(s)\pm C_2(s)$$

消去变量 $C_1(s)$ 和 $C_2(s)$ 得

$$C(s)=[G_1(s)\pm G_2(s)]R(s)$$

则

$$G(s)=\frac{C(s)}{R(s)}=G_1(s)\pm G_2(s)$$

合并后的框图如图 2-12(b)所示。由此可知，两个或两个以上环节并联，其等效传递函数等于各个环节的传递函数的代数和。

(3)反馈连接等效变换

反馈连接的形式是两个方框反向并联，如图 2-13(a)所示，相加点处作加法时为正反馈，作减法时为负反馈。

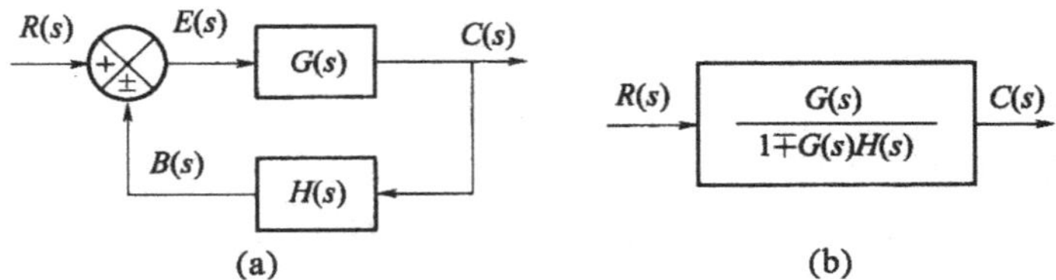

图 2-13　反馈连接变换

由图 2-13(a)可知：

$$C(s)=G(s)E(s)$$

$$E(s)=R(s)\pm B(s)$$

$$B(s)=H(s)C(s)$$

消去变量 $B(s)$ 和 $E(s)$ 得

$$\frac{C(s)}{R(s)}=\frac{G(s)}{1\mp G(s)H(s)}$$

我们称反馈连接等效的传递函数为闭环传递函数。今后，在闭环系统的讨论中，无论框图多么复杂，最终都要等效成图 2-13(b)的标准形式上来讨论。

2. 系统框图的简化规则

在实际系统中，通常用多回路的框图表示系统。如果不利用等效变换的原则对系统框图进行简化，则系统框图将会非常复杂。为了便于计算、分析，求出传递函数来研究各输入信号对系统性能的影响。通常，在对框图进行简化时，有两条基本原则：①变换前、后，前向通道中传递函数的乘积保持不变；②变换前、后，各回路中传递函数的乘积保持不变。[①]

(1)相加点移动规则

相加点移动通常有两种方法：

①相加点前移。法则：除以相加点所经过的传递函数，如图2-14所示。

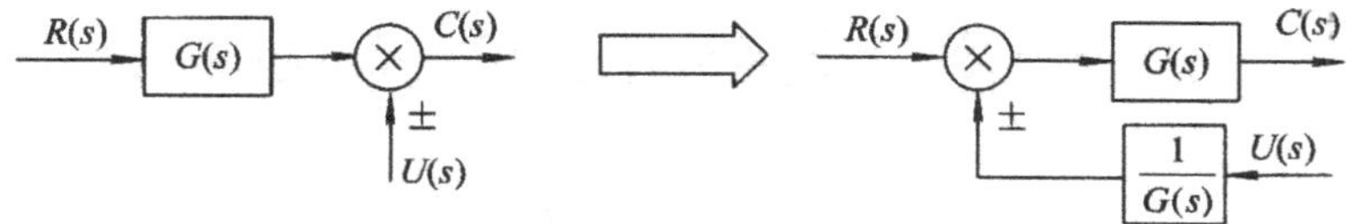

图2-14　相加点前移规则

②相加点后移。法则：乘以相加点所经过的传递函数，如图2-15所示。

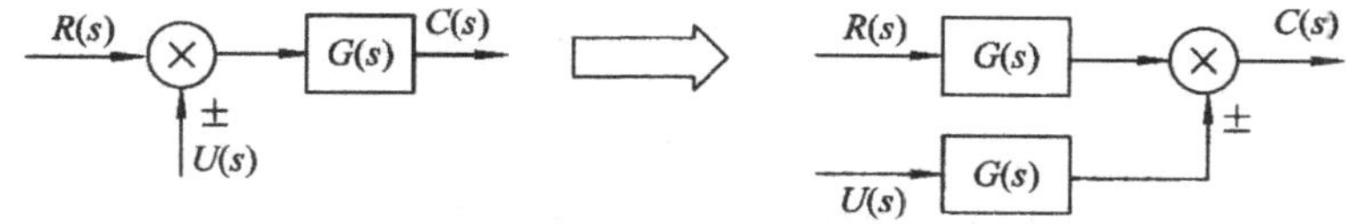

图2-15　相加点后移规则

(2)分支点移动规则

分支点移动通常有两种方法：

①分支点前移。法则：乘以分支点所经过的传递函数，如图2-16所示。

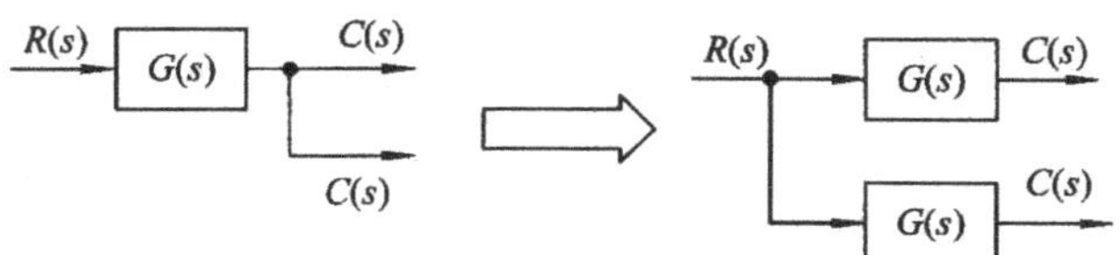

图2-16　分支点前移规则

②分支点后移。法则：除以分支点所经过的传递函数，如图2-17所示。

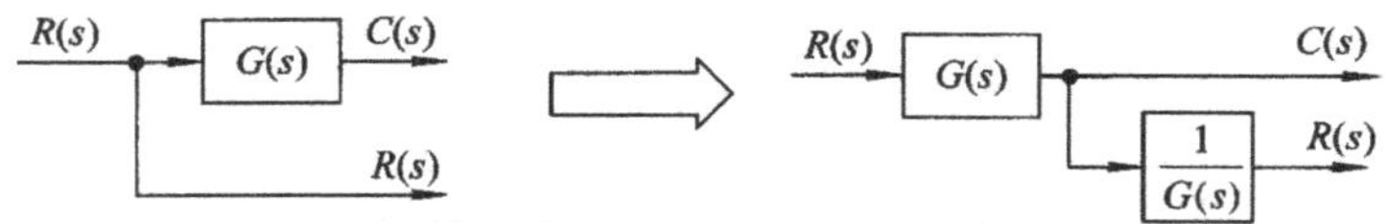

图2-17　分支点后移规则

① 高金玉.自动控制原理与应用.西安：西安电子科技大学出版社，2009.

(3)相加点、分支点之间的移动规则

相加点、分支点之间信号的移动，均不改变原有的数学关系，如图 2-18 所示。但需要注意的是，相加点和分支点之间不能相互移动，因为它们不存在等效关系。

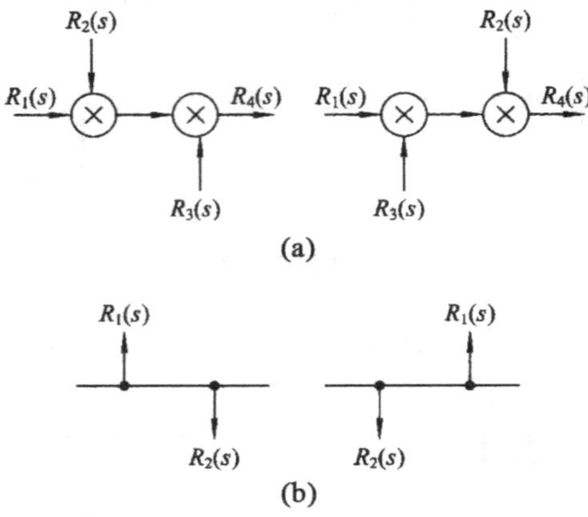

图 2-18　相加点、分支点之间的移动规则

第3章　自动控制系统的时域分析

当系统的数学模型(包括微分方程和传递函数)建立之后，就可以采用不同的方法对控制系统的动态性能和稳态性能进行分析，进而得出改进系统性能的方法。对于线性定常系统，常用的工程方法有时域分析方法、频域分析法和根轨迹分析法。本章主要研究线性定常系统的时域分析法。

3.1　典型输入信号和阶跃响应性能指标

3.1.1　典型输入信号

控制系统的时间响应是用系统数学模型的时间解来描述的，系统的三大特性可从系统响应过程中反映出来。但从微分方程求解我们知道，自动控制系统的时间响应，不仅取决于系统本身的结构参数，而且还与系统的初始状态和输入信号有关。

为了便于分析和比较各种控制系统的性能，通常对初始状态作统一的规定，均以零状态为准，且对输入信号做一些典型化处理，即统一规定一批典型输入信号。对这些典型输入信号的选取原则，一是要考虑实际现场常见情况，二是要数学描述简单，便于理论计算和实验研究。

自动控制系统常用的典型输入信号有以下几种。

1. 阶跃信号

阶跃信号也称位置信号，其定义为

$$r(t)=\begin{cases}R & t\geqslant 0\\ 0 & t<0\end{cases}$$

式中，R 为常数，称为阶跃函数的阶跃值。当 $R=1$ 时称为单位阶跃信号，记为 1(t)，如图 3-1 所示。

单位阶跃信号的拉普拉斯变换为

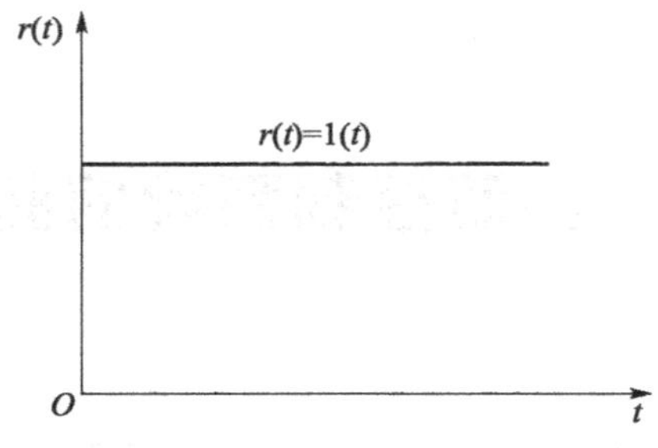

图 3-1　单位阶跃信号

$$R(s)=L[1(t)]=\frac{1}{s}$$

在 $t=0$ 处的阶跃信号，相当于一个恒定的信号突加到系统上。该信号的形式极为简单，但包含初始跃变部分和后续恒值部分，这两部分可较好地分别考察系统的快速性和准确性，因此在工程实际中广泛采用。

2. 斜坡信号

斜坡信号也称速度信号，其定义为

$$r(t)=\begin{cases} Rt & t\geqslant 0 \\ 0 & t<0 \end{cases}$$

式中，R 为常数，称为速度值，相当于一个恒速变化的输入作用。当 $R=1$ 时称为单位斜坡信号，如图 3-2 所示。它等于单位阶跃信号对时间的积分，其波形是等速上升的。

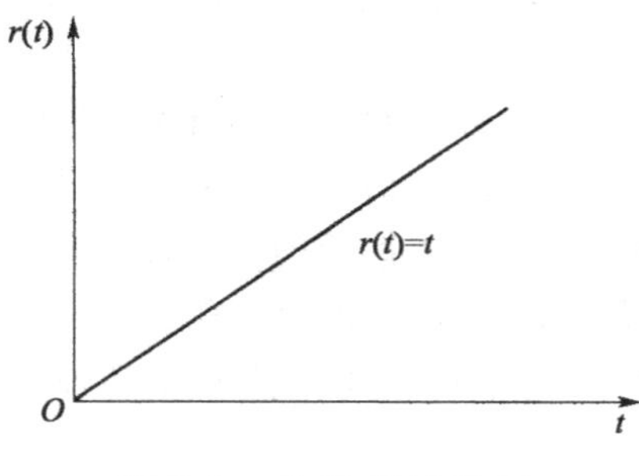

图 3-2　单位斜坡信号

单位斜坡信号的拉普拉斯变换为

$$R(s)=L[t]=\frac{1}{s^2}$$

在自动控制系统的分析中，该信号的恒速变化可用来检验一般随动系统的跟随能力。

3. 抛物线信号

抛物线信号也称加速度信号，其定义为

$$r(t)\begin{cases}\dfrac{Rt^2}{2} & t \geqslant 0\\ 0 & t<0\end{cases}$$

式中，R 为常数，称为加速度值，相当于以恒加速度变化的输入作用。当 $R=1$ 时称为单位抛物线信号，如图 3-3 所示，它等于斜坡信号对时间的积分。其波形是匀加速上升的。

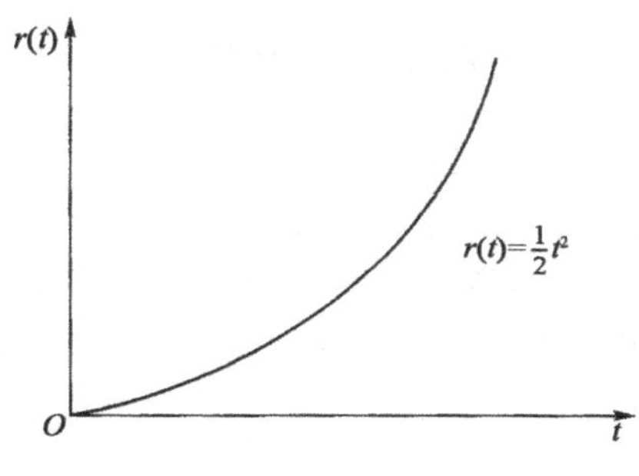

图 3-3　单位抛物线信号

单位抛物线信号的拉普拉斯变换为

$$R(s)=L\left[\frac{t^2}{2}\right]=\frac{1}{s^3}$$

在实际中，该信号的快速变化可检验较快随动系统的跟随能力。

4. 脉冲信号

脉冲信号也称冲击信号。在实际物理系统中，脉冲信号常用一种平顶窄脉动信号表示，如图 3-4(a)所示。其定义为

$$r(t)=\begin{cases}\dfrac{R}{\varepsilon} & 0\leqslant t\leqslant \varepsilon\\ 0 & t<0,t>\varepsilon\end{cases}$$

式中，R 为常数，等于矩形脉冲的面积，用来表示冲击作用的强度。

数学上定义的脉冲函数可用来近似表示实际中的脉动信号，它是取上述函数序列的极限来定义的。当取 $R=1$ 时，单位脉冲函数定义为

$$\delta(t)=\lim_{\varepsilon\to 0} r_\varepsilon(t)=\begin{cases}\infty & t=0\\ 0 & t\neq 0\end{cases},\int_{-\infty}^{+\infty}\delta(t)\mathrm{d}t=1$$

对于实际中强度不同的脉冲，可用单位脉冲函数表示为

$$r(t)=R\delta(t)$$

其波形如图 3-4(b)所示。图中 $t=0$ 时刻的脉冲用一有向线段来表示，该线段的长度称为脉冲强度，用来表示它的积分值。

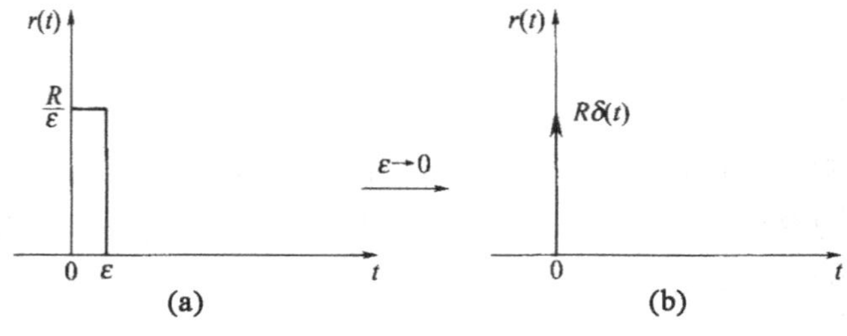

图 3-4　脉冲信号

单位脉冲函数的拉普拉斯变换为

$$R(s)=L[\delta(t)]=1$$

实际中，理想的脉冲函数是不存在的，但是，它却可以近似反映诸如冲击力、阵风和雷击等突发性的扰动信号的作用，所以它是一个非常重要的数学工具。

5. 正弦信号

正弦函数的数学表达式为

$$r(t)=\begin{cases}A\sin\omega t & t\geq 0\\ 0 & t<0\end{cases}$$

式中，A 是正弦函数的幅值；ω 是角频率。其波形如图 3-5 所示。

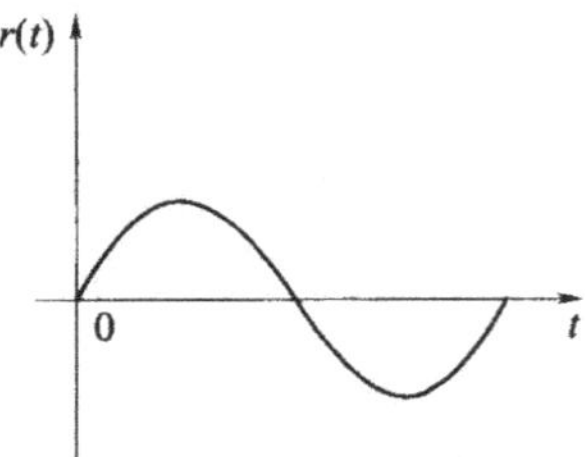

图 3-5　正弦信号

拉普拉斯变换为

$$L[A\sin\omega t]=\frac{A\omega}{s^2+\omega^2}$$

在实际中，该信号的波动变化可检验随动系统在波浪环境中的控制和跟随能力。

3.1.2　阶跃响应性能指标

控制系统的时间响应，从响应过程的时间顺序上，可以划分为动态和稳态两个阶段。动态过程又称过渡过程，是指系统从初始状态到接近最终状态的响应过程；稳态过程是指时间 t 趋于无穷时系统的输出状态。研究系统的时间响应，就不得不对动态和稳态两个过程的特点和性能进行相关分析。

系统的性能指标是根据实际输出与期望输出（在各个阶段）之间的差异而定的。当系统的阶跃响应不产生稳态误差时，响应的稳态值即为期望输出。系统的单位阶跃响应性能指标如图 3-6 所示。

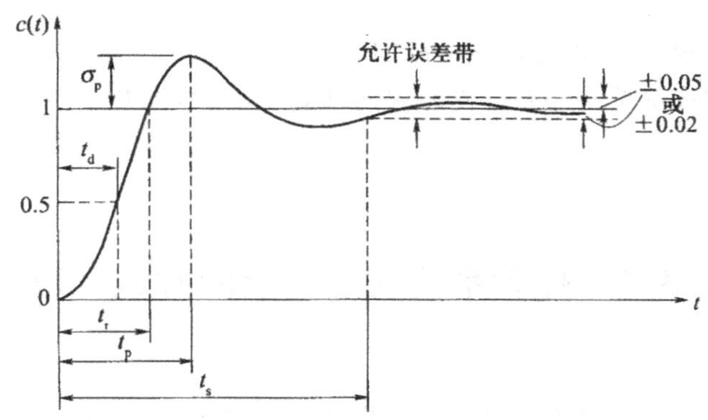

图 3-6　系统的单位阶跃响应性能指标

工程上常用的性能指标包括以下几种①：

①延迟时间 t_d：指响应曲线第一次达到稳态值的 50%所需的时间。

②上升时间 t_r：指响应曲线从其稳态值的 10%上升到 90%所需的时间。对于存在振荡的系统来说，则取响应从零到第一次上升到稳态值所需的时间。

③峰值时间 t_p：指输出响应超过稳态值而达到第一个峰值所需要的时间。

④调节时间 t_s：在响应曲线的稳态线上，取±5%（或±2%）作为误差带，响应曲线达到并不再超出该误差带所需的最小时间，就是所谓的调节时间（或过渡过程时间）。

① 王划一，杨西侠. 自动控制原理（第 2 版）. 北京：国防工业出版社，2010.

⑤最大(百分比)超调量 $\sigma_p\%$:指输出响应的最大值超过稳态值的最大偏离量与稳态值之比的百分数,即

$$\sigma_p\% = \frac{c(t_p) - c(\infty)}{c(\infty)} \times 100\%$$

⑥稳态误差 e_{ss} :当时间 t 趋于无穷时,响应曲线的实际值(即稳态值)与期望值之差定义为稳态误差。在单位反馈系统中,稳态误差即为输出的响应值与输入值之差。

上述性能指标中,延迟时间 t_d 、上升时间 t_r 以及峰值时间 t_p 均表征系统响应初始段的快慢,是一种非常敏感的指标;调节时间 t_s 表示系统过渡过程持续的时间,从总体上反映了系统的快速性;超调量 $\sigma_p\%$ 是对动态偏差的度量,同时又反映系统响应过程的平稳性;稳态误差 e_{ss} 则反映了系统复现输入信号的最终精度。

控制工程中,一般常用调节时间 t_s 、超调量 $\sigma_p\%$ 和稳态误差 e_{ss} 这三项指标来分别评价系统动态过程的快速性和平稳性,以及系统稳态过程的稳态精度。

3.2 控制系统动态性能的时域分析

控制系统在满足稳定性要求的前提下,还必须达到相应的动态性能,才真正具备实际工作能力。因此,分析和研究系统的动态性能就是自动控制理论的重要内容。由于计算高阶微分方程的时间解是相当复杂的,因此,时域分析法通常用于一、二阶系统。

3.2.1 一阶系统的时域分析

凡是以一阶微分方程描述运动方程的控制系统,称为一阶系统。

1. 一阶系统的数学模型

描述一阶系统动态特性的微分方程式的一般标准形式为

$$T\frac{\mathrm{d}c(t)}{\mathrm{d}t} + c(t) = r(t) \tag{3-1}$$

式中,$c(t)$ 为输出量;$r(t)$ 为输入量;T 为一阶系统的时间常数,表示系统的惯性。

由式(3-1)可求得一阶系统的闭环传递函数为

$$\Phi(s)=\frac{C(s)}{R(s)}=\frac{1}{Ts+1} \tag{3-2}$$

式(3-1)和式(3-2)就称为一阶系统的数学模型。由于时间常数 T 是表征系统惯性的一个主要参数，因此，一阶系统有时也被称为惯性环节。

一阶系统的典型结构如图 3-7 所示。

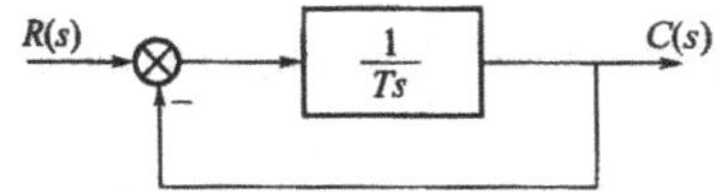

图 3-7　一阶系统的典型结构图

2. 一阶系统的单位阶跃响应分析

当输入信号 $r(t)=1$ 时，$R(s)=\dfrac{1}{s}$，系统的响应过程 $c(t)$ 称为其单位阶跃响应。

拉普拉斯变换为

$$C(s)=\Phi(s)R(s)=\frac{1}{Ts+1}\cdot\frac{1}{s} \tag{3-3}$$

两端取拉普拉斯反变换，求得其单位阶跃响应为

$$c(t)=1-\mathrm{e}^{-\frac{t}{T}}\quad (t\geqslant 0) \tag{3-4}$$

式中，1 为稳态分量；$-\mathrm{e}^{-\frac{t}{T}}$ 为暂态分量，它随时间的推移而不断减小并最终趋于零。

一阶系统的单位阶跃响应曲线如图 3-8 所示。可以看出，这个响应是由零开始，按指数规律单调上升、有惯性、无超调的曲线，随着时间的推进而趋向于其稳态值 1。

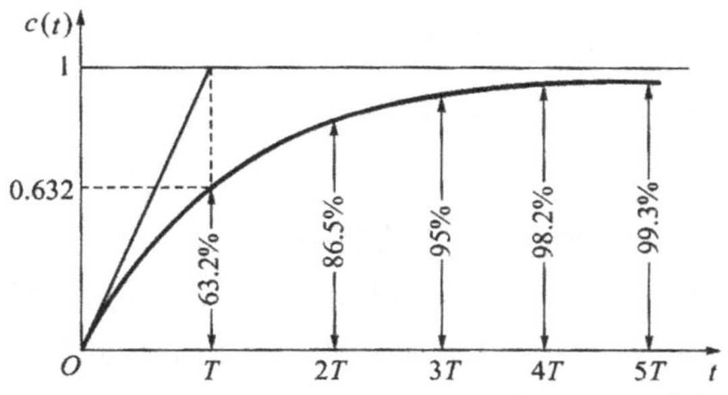

图 3-8　一阶系统的单位阶跃响应曲线

由图 3-8 可知，一阶系统的单位阶跃响应为非周期响应，具备以下两个

重要特点：

①可用时间常数 T 去度量系统输出量的数值。例如，当 $t = T$ 时，$c(T)=0.632$；而当 t 分别等于 $2T$、$3T$ 和 $4T$ 时，$c(t)$ 的数值将分别等于终值的 86.5%、95%和 98.2%。根据这一特点，可用实验方法测定一阶系统的时间常数，或判定所测系统是否属于一阶系统。

②响应曲线的斜率初始值为 $\frac{1}{T}$，并随时间的推移而下降。例如

$$\left.\frac{\mathrm{d}c(t)}{\mathrm{d}t}\right|_{t=0}=\frac{1}{T}, \quad \left.\frac{\mathrm{d}c(t)}{\mathrm{d}t}\right|_{t=T}=0.368\frac{1}{T}, \quad \left.\frac{\mathrm{d}c(t)}{\mathrm{d}t}\right|_{t=\infty}=0$$

从而使单位阶跃响应完成全部变化量所需的时间为无限长，即有 $c(\infty)=1$。此外，初始斜率特性，也是常用的确定一阶系统时间常数的方法之一。

根据动态性能指标的定义，一阶系统的动态性能指标为

$$t_{\mathrm{d}} = 0.69T$$

$$t_{\mathrm{r}} = 2.20T$$

$$t_{\mathrm{s}} = \begin{cases} 3T & （对应 5\% 误差带） \\ 4T & （对应 2\% 误差带） \end{cases}$$

$$\sigma_{\mathrm{p}}\% = 0$$

$$e_{\mathrm{ss}} = 0$$

由于时间常数 T 反映系统的惯性，所以一阶系统的惯性越大，其响应过程越慢；反之，惯性越小，响应越块。

3. 一阶系统的单位斜坡响应分析

如果系统的输入信号为单位斜坡函数 $r(t)=t$，即 $R(s)=\frac{1}{s^2}$，则系统输出的拉普拉斯变换为

$$C(s)=\Phi(s)R(s)=\frac{1}{Ts+1}\cdot\frac{1}{s^2} \tag{3-5}$$

两端取拉普拉斯反变换，求得其单位斜坡响应为

$$c(t)=(t-T)+T\mathrm{e}^{-\frac{t}{T}} \quad (t \geqslant 0) \tag{3-6}$$

式中，$(t-T)$ 为稳态分量；$T\mathrm{e}^{-\frac{t}{T}}$ 为暂态分量。

式(3-6)表明，一阶系统的单位斜坡响应可分为稳态分量和暂态分量两个部分。其稳态分量是一个与输入斜坡函数斜率相同但时间滞后 T 的斜坡函数，因此在位置上存在稳态跟踪误差，其值正好等于时间常数 T；其暂态分量为衰减非周期函数。

一阶系统的单位斜坡响应曲线如图 3-9 所示。

比较图 3-8 和图 3-9 可以发现一个现象：在阶跃响应曲线中，输出量和

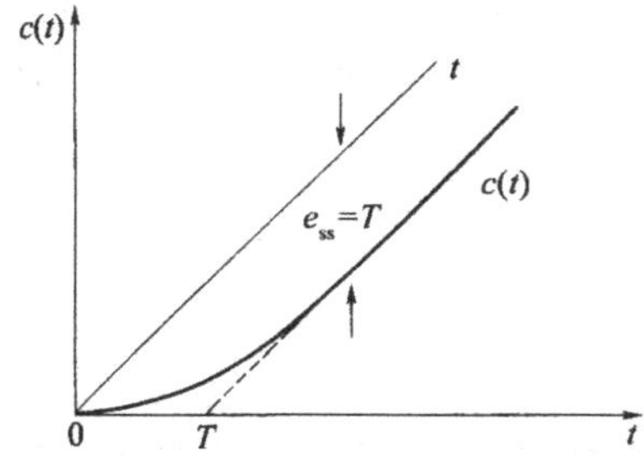

图 3-9　一阶系统的单位斜坡响应曲线

输入量之间的位置误差随时间而减小，最后趋于零，而在初始状态下，位置误差最大，响应曲线的初始斜率也最大；在斜坡响应曲线中，输出量和输入量之间的位置误差随时间而增大，最后趋近于常值 T，惯性越小，跟踪的准确度越高，而在初始状态下，初始位置和初始斜率均为零，因为

$$\left.\frac{\mathrm{d}c(t)}{\mathrm{d}t}\right|_{t=0} = 1 - \mathrm{e}^{-\frac{t}{T}}\Big|_{t=0} = 0$$

显然，在初始状态下，输出速度和输入速度之间误差最大。

4. 一阶系统的单位脉冲响应分析

对于单位脉冲输入 $r(t)=\delta(t)$，因为 $R(s)=1$，所以系统输出量的拉普拉斯变换式与系统的传递函数相同，即

$$C(s)=\Phi(s)R(s)=\frac{1}{Ts+1} \tag{3-7}$$

则相应的系统单位脉冲响应为

$$c(t)=\frac{1}{T}\mathrm{e}^{-\frac{t}{T}} \quad (t \geqslant 0) \tag{3-8}$$

一阶系统的单位脉冲响应曲线如图 3-10 所示。

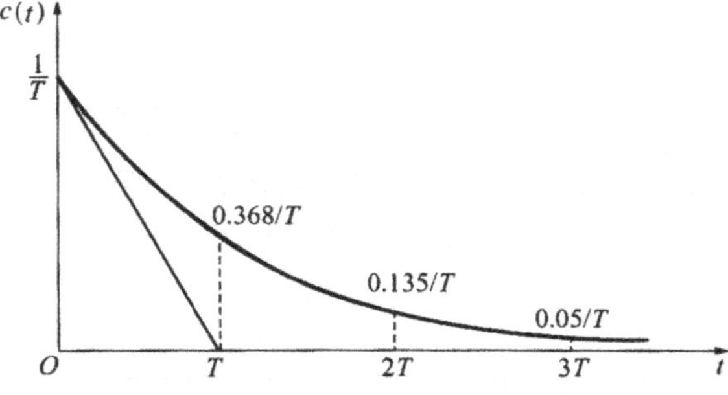

图 3-10　一阶系统的单位脉冲响应曲线

由图 3-10 可见，一阶系统的单位脉冲响应曲线为一条单调下降的指数曲线。从式(3-8)不难看出，单位脉冲响应在 $t=0$ 时的初始值及相应的变化率为

$$c(0)=\frac{1}{T}$$

$$\left.\frac{\mathrm{d}c(t)}{\mathrm{d}t}\right|_{t=0}=-\frac{1}{T^2}$$

在初始条件为零的情况下，一阶系统的闭环脉冲响应函数与传递函数之间，包含着相同的动态过程信息。这一特点同样适用于其他各阶线性定常系统，因此，常以单位脉冲输入信号作用于系统，根据被测定系统的单位脉冲响应，可以求得被测系统的闭环传递函数。

3.2.2 二阶系统的时域分析

凡是以二阶微分方程描述运动方程的控制系统，称为二阶系统。

1.二阶系统的数学模型

典型二阶系统的微分方程一般为

$$T^2\frac{\mathrm{d}^2c(t)}{\mathrm{d}t^2}+2\xi T\frac{\mathrm{d}c(t)}{\mathrm{d}t}+c(t)=r(t) \tag{3-9}$$

式中，T 为时间常数；ξ 为阻尼比。

令 $\omega_n=\frac{1}{T}$，ω_n 为自然频率，则可得二阶系统微分方程的另一种形式：

$$\frac{\mathrm{d}^2c(t)}{\mathrm{d}t^2}+2\xi\omega_n\frac{\mathrm{d}c(t)}{\mathrm{d}t}+\omega_n^2c(t)=\omega_n^2r(t) \tag{3-10}$$

与上面两式对应的传递函数分别为

$$\Phi(s)=\frac{C(s)}{R(s)}=\frac{1}{T^2s^2+2\xi Ts+1} \tag{3-11}$$

$$\Phi(s)=\frac{C(s)}{R(s)}=\frac{\omega_n^2}{s^2+2\xi\omega_ns+\omega_n^2} \tag{3-12}$$

引进 ξ,ω_n 参数之后，系统的动态结构图按标准式(3-12)可表示为图 3-11 所示的系统。对应的标准开环传递函数为

$$G(s)=\frac{\omega_n^2}{s(s+2\xi\omega_n)} \tag{3-13}$$

由式(3-12)可得典型二阶系统的闭环特征方程为

$$s^2+2\xi\omega_ns+\omega_n^2=0 \tag{3-14}$$

闭环特征根(闭环极点)为

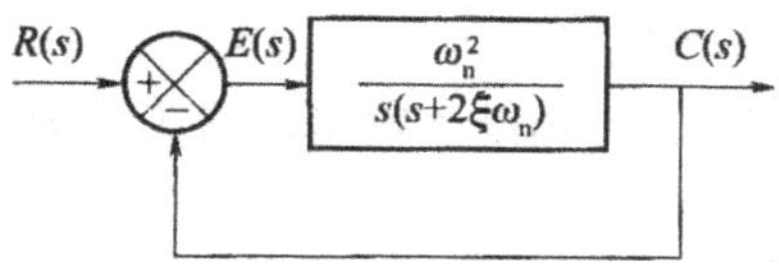

图 3-11　典型二阶系统框图

$$s_{1,2}=-\xi\omega_n\pm\omega_n\sqrt{\xi^2-1} \tag{3-15}$$

由式(3-15)可看出，随着阻尼比 ξ 取值的不同，二阶系统的两个特征根也不相同。

①欠阻尼 $(0<\xi<1)$。当 $0<\xi<1$ 时，两个特征根分别是 $s_{1,2}=-\xi\omega_n\pm j\omega_n\sqrt{1-\xi^2}$，是一对共轭复根，位于 s 平面的左半部，如图 3-12(a)所示。

②临界阻尼 $(\xi=1)$。当 $\xi=1$ 时，特征方程有两个相同的负实根，即 $s_{1,2}=-\omega_n$，此时的 s_1、s_2 在 s 平面的位置如图 3-12(b)所示。

③过阻尼 $(\xi>1)$。当 $\xi>1$ 时，两个特征根分别为 $s_{1,2}=-\xi\omega_n\pm\omega_n\sqrt{\xi^2-1}$，是两个不相等的负实根，如图 3-12(c)所示。

④无阻尼 $(\xi=0)$。当 $\xi=0$ 时，二阶系统的两个特征根为一对纯虚根，即 $s_{1,2}=\pm j\omega_n$，如图 3-12(d)所示。

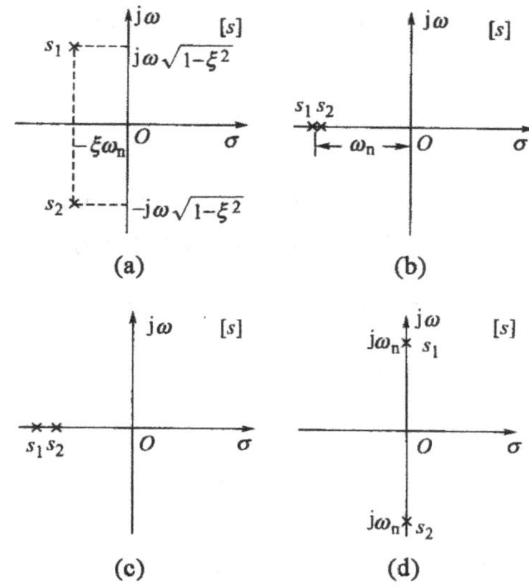

图 3-12　二阶系统在 s 平面上的闭环极点分布

2.二阶系统的单位阶跃响应分析

根据传递函数的定义，可知系统输出的像函数为

$$C(s)=\Phi(s)R(s)$$

现已知二阶系统的闭环传递函数 $\Phi(s)$ 为式(3-12)所示，又已知输入信号为单位阶跃信号，即 $R(s)=\dfrac{1}{s}$。于是二阶系统的输出像函数为

$$C(s)=\frac{\omega_n^2}{s^2+2\xi\omega_n s+\omega_n^2}\cdot\frac{1}{s} \tag{3-16}$$

对上式进行拉普拉斯反变换，便得到二阶系统在单位阶跃函数作用下的响应，即

$$c(t)=L^{-1}[C(s)]$$

反变换的结果取决于二阶系统闭环特征跟的具体类型。下面分以下几种情况进行讨论。

①欠阻尼（$0<\xi<1$）二阶系统的单位阶跃响应。当 $0<\xi<1$ 时，二阶系统的闭环特征根为一对共轭复根，且具有负的实部。

$$s_{1,2}=-\xi\omega_n\pm j\omega_n\sqrt{1-\xi^2}=-\sigma+j\omega_d \tag{3-17}$$

式中，$\sigma=\xi\omega_n$ 称为衰减系数或振荡阻尼系数；$\omega_d=\omega_n\sqrt{1-\xi^2}$ 称为阻尼振荡角频率。

当 $R(s)=\dfrac{1}{s}$ 时，由式(3-16)可得二阶系统的输出像函数为

$$\begin{aligned}C(s)&=\frac{\omega_n^2}{s^2+2\xi\omega_n s+\omega_n^2}\cdot\frac{1}{s}\\&=\frac{1}{s}-\frac{s+\xi\omega_n}{(s+\xi\omega_n)^2+\omega_d^2}-\frac{\xi\omega_n}{(s+\xi\omega_n)^2+\omega_d^2}\end{aligned} \tag{3-18}$$

对上式取拉普拉斯反变换，求得单位阶跃响应为

$$\begin{aligned}c(t)&=1-e^{-\xi\omega_n t}\left[\cos\omega_d t+\frac{\xi}{\sqrt{1-\xi^2}}\sin\omega_d t\right]\\&=1-\frac{1}{\sqrt{1-\xi^2}}e^{-\xi\omega_n t}\left(\sqrt{1-\xi^2}\cos\omega_d t+\xi\sin\omega_d t\right)\\&=1-\frac{1}{\sqrt{1-\xi^2}}e^{-\xi\omega_n t}\sin(\omega_d t+\beta)\ (t\geqslant 0)\end{aligned} \tag{3-19}$$

式中，$\beta=\arctan\left(\dfrac{\sqrt{1-\xi^2}}{\xi}\right)$，或者 $\beta=\arccos\xi$。

分析式(3-19)可知，欠阻尼二阶系统的单位阶跃响应由两部分组成，即第一部分是稳态分量，其值与输入值相等，表明系统最终不存在稳态误差；第二项是暂态分量，是一个带有指数函数作为振幅的正弦振荡项，其振荡频

率为 ω_d，故称阻尼振荡频率。

由于暂态分量衰减的快慢程度取决于包络线 $1 \pm \dfrac{e^{-\xi\omega_n t}}{\sqrt{1-\xi^2}}$ 收敛的速度，当 ξ 一定时，包络线的收敛速度又取决于指数函数 $e^{-\xi\omega_n t}$ 的幂，所以 $\sigma = \xi\omega_n$ 称为衰减系数。

显然，由式(3-19)可以看出，当二阶系统处于欠阻尼状态时，系统的单位阶跃响应 $c(t)$ 是一条衰减振荡的曲线，如图 3-13 所示。

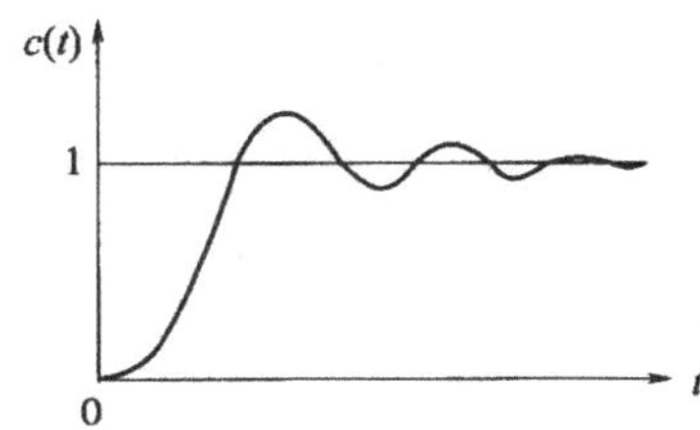

图 3-13　二阶系统的单位阶跃响应曲线(欠阻尼状态)

②临界阻尼($\xi = 1$)二阶系统的单位阶跃响应。当 $\xi = 1$ 时，系统有一对相等的负实根，即 $s_{1,2} = -\omega_n$ 。此时，二阶系统单位阶跃响应的像函数为

$$C(s) = \frac{\omega_n^2}{(s+\omega_n)^2} \cdot \frac{1}{s} = \frac{1}{s} - \frac{\omega_n}{(s+\omega_n)^2} - \frac{1}{s+\omega_n} \tag{3-20}$$

其拉普拉斯反变换为

$$c(t) = 1 - e^{-\omega_n t}[1 + \omega_n t] \quad (t \geqslant 0) \tag{3-21}$$

显然这是一个不振荡的单调过程，其稳态值为 1，暂态过程也是随时间的推移最终衰减为零，指数衰减系数为 ω_n ，又称临界阻尼系数。分析其变化率为

$$\frac{dc(t)}{dt} = \omega_n^2 t e^{-\omega_n t}$$

当 $t = 0$ 时，响应过程的变化率为零；当 $t > 0$ 时，响应过程的变化率为正，响应过程单调上升；当 $t \to \infty$ 时，响应过程的变化率趋于零，响应过程趋于常值 1。其曲线如图 3-14 所示。

③过阻尼($\xi > 1$)二阶系统的单位阶跃响应。当 $\xi > 1$ 时，系统具有两个不相等的负实根，即 $s_{1,2} = -\xi\omega_n \pm \omega_n\sqrt{\xi^2 - 1}$ 。当单位阶跃输入时，系统输出的像函数为

$$\begin{aligned} C(s) &= \frac{\omega_n^2}{(s+\xi\omega_n - \omega_n\sqrt{\xi^2-1})(s+\xi\omega_n + \omega_n\sqrt{\xi^2-1})} \cdot \frac{1}{s} \\ &= \frac{\omega_n^2}{(s-s_1)(s-s_2)} \cdot \frac{1}{s} \end{aligned}$$

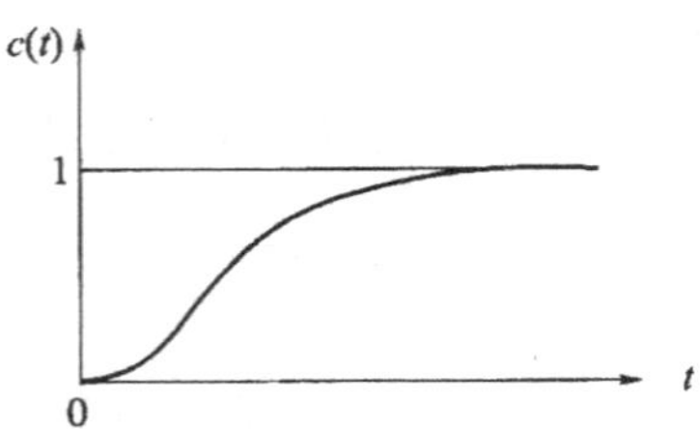

图 3-14 二阶系统的单位阶跃响应曲线(临界阻尼状态)

$$=\frac{1}{s}-\frac{1}{2\sqrt{\xi^2-1}\,(\xi-\sqrt{\xi^2-1})}\cdot\frac{1}{s-s_1}+\frac{1}{2\sqrt{\xi^2-1}\,(\xi+\sqrt{\xi^2-1})}\cdot\frac{1}{s-s_2}\tag{3-22}$$

其拉普拉斯反变换为

$$c(t)=1-\frac{\omega_n}{2\sqrt{\xi^2-1}}\left(\frac{e^{s_1t}}{-s_1}-\frac{e^{s_2t}}{-s_2}\right)\quad(t\geqslant 0)\tag{3-23}$$

上式表明,响应特性包含着两个单调衰减的指数项,其代数和决不会超过稳态值 1,所以过阻尼二阶系统的单位阶跃响应是非振荡的,如图 3-15 所示。

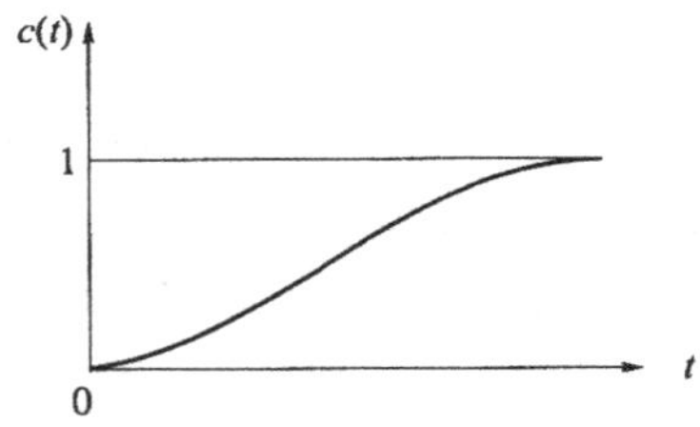

图 3-15 二阶系统的单位阶跃响应曲线(过阻尼状态)

④无阻尼状态 ($\xi=0$)。当 $\xi=0$ 时,系统的特征根为一对共轭虚根,即 $s_{1,2}=\pm j\omega_n$。此时,系统的输出像函数为

$$C(s)=\frac{\omega_n^2}{s^2+\omega_n^2}\cdot\frac{1}{s}=\frac{1}{s}-\frac{s}{s^2+\omega_n^2}\tag{3-24}$$

取拉普拉斯反变换得

$$c(t)=1-\cos\omega_n t\tag{3-25}$$

显然,这时的二阶系统响应曲线为一等幅余弦振荡,如图 3-16 所示。振荡频率为 ω_n,故称为无阻尼自然振荡频率。与阻尼振荡频率 ω_d 相比,$\omega_d<\omega_n$,且随 ξ 的增加,ω_d 的值减少。如果 $\xi\geqslant 1$,ω_d 将不复存在,系统的

响应不再出现振荡。

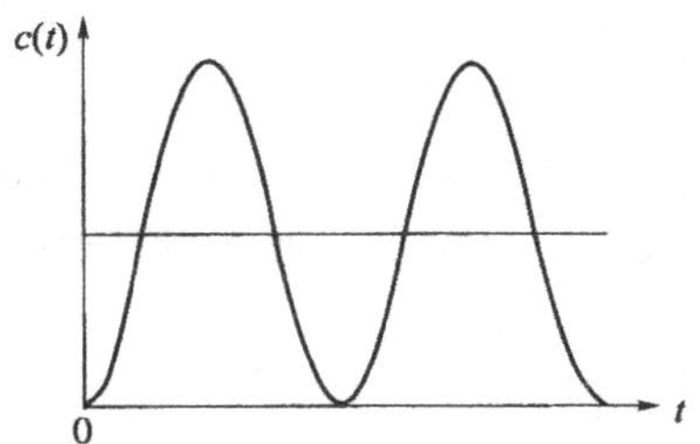

图 3-16 二阶系统的单位阶跃响应曲线(无阻尼状态)

通过前面分析和计算可看出,阻尼比 ξ 和无阻尼振荡频率 ω_n 决定了系统的单位阶跃响应特性,尤其是 ξ 的取值确定了响应曲线的形状。图 3-17 是 ξ 取值不同时,二阶系统所对应的响应曲线。

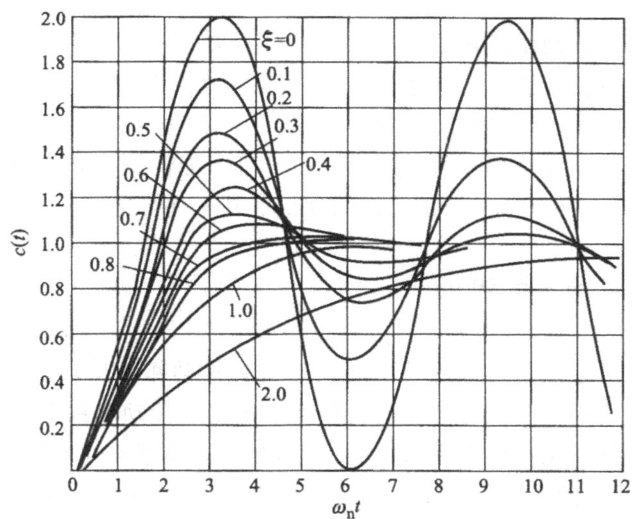

图 3-17 不同 ξ 时系统的单位阶跃响应曲线

由响应曲线可以得出以下几个结论。

①阻尼比 ξ 是二阶系统的一个重要参量,由 ξ 值的大小可以间接判断一个二阶系统的暂态品质。阻尼比 ξ 越大,超调量越小,响应的平稳性越好。反之,阻尼比 ξ 越小,振荡越强,平稳性越差。当 $\xi=0$,输出量作等幅振荡,系统不能稳定工作。

②在过阻尼($\xi>1$)情况下,暂态特性为单调变化曲线,没有超调和振荡,但调节时间较长,系统响应迟缓,快速性差。阻尼比 ξ 过小,响应的起始

速度快，但因振荡强烈，衰减缓慢，所以调节时间 t_s 亦长，快速性也差。

③当 $\xi = 0.707$ 时，系统的超调量<5%，调节时间 t_s 也最短，即平稳性和快速性最佳。故称 $\xi = 0.707$ 为最佳阻尼比。

④调节时间 t_s 与系统阻尼比 ξ 和 ω_n 这两个特征参数的乘积成反比。在阻尼比 ξ 一定时，可以通过改变 ω_n 来改变暂态响应的持续时间。ω_n 愈大，系统的调节时间 t_s 越短，快速性愈好。

⑤工程实际中，二阶系统多数设计成 $0 < \xi < 1$ 的欠阻尼情况，且 $\xi = 0.4 \sim 0.8$ 之间。

3.3 控制系统的稳定性分析

一个自动控制系统正常运行的首要条件是它必须是稳定的，稳定性是控制系统的主要性能。控制系统在实际运行过程中，总会受到外界和内部一些因素的扰动。如果系统不稳定，就会在任何微小的扰动作用下偏离原来的平衡状态，并随时间的推移而发散。因而，如何分析系统的稳定性并提出保证系统稳定的措施，是自动控制理论的基本任务之一。

3.3.1 稳定的概念

系统的稳定性是指系统的平衡状态受到扰动作用破坏后，经过自身调节能否重新达到平衡状态的性能。任何系统受到扰动后都会偏离原来的平衡状态。如果当扰动消失后，系统还能逐渐恢复到原来的平衡状态，则称系统是稳定的，如图 3-18(a)所示；如果扰动消失后，系统不能逐渐恢复到原来的平衡状态甚至越来越远，则称系统是不稳定的，如图 3-18(b)所示。

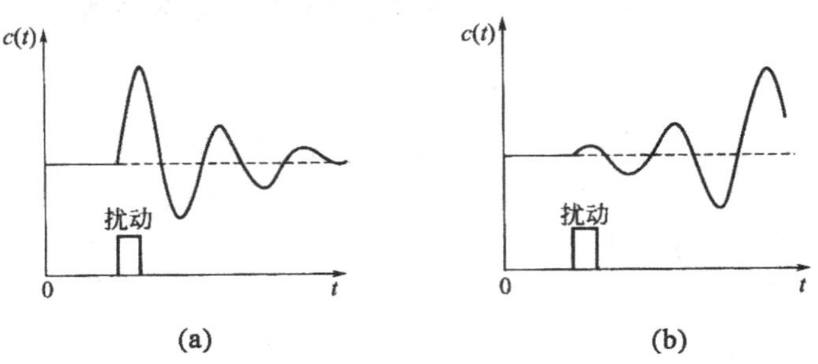

图 3-18 稳定系统与不稳定系统

3.3.2　系统稳定的充分必要条件

由稳定性的定义可知，稳定性是系统自身的固有特性，与外界条件无关。

设系统初始条件为零，当输入单位脉冲信号时，这相当于扰动信号的作用，使得输出信号偏离原平衡点，随着时间的推移，脉冲响应

$$\lim_{t \to \infty} c(t) = 0$$

即输出恢复原平衡点，则系统是稳定的。

系统的输出脉冲响应拉普拉斯变换为

$$C(s) = \Phi(s)R(s) = \frac{K\prod_{j=1}^{m}(s - z_j)}{\prod_{i=1}^{n}(s - p_i)} \times 1 = \sum_{i=1}^{n} \frac{A_i}{s - p_i} \tag{3-26}$$

式中，闭环零点 z_j 和极点 p_i 可能是实数或者成对共轭复数 $p_{k1,k2} = \sigma_k \pm j\omega_k$。

对应的脉冲响应输出为

$$c(t) = \sum_{i=1}^{n} A_i e^{p_i t} = \sum_{j=1}^{q} A_i e^{p_j t} + \sum_{k=1}^{r} U e^{-\sigma_k t} \sin(\omega_k t - \beta) \tag{3-27}$$

式中，$q + 2r = n$ 。

上式表明，当且仅当系统的特征根全部具有负实部时，系统的稳态输出才为零，系统为稳定系统；否则，如果存在一个或一个以上的正实部根，则系统的稳态输出发散，系统不稳定；如果系统存在一个或一个以上零实部根，其余根均具有负实部，则系统的输出等幅振荡，系统为临界稳定。

由此可见，系统稳定的充分必要条件是：闭环系统特征方程的所有根均具有负实部；或者说，闭环传递函数的极点均位于 s 平面的左半平面。

3.3.3　劳斯稳定判据

根据系统的稳定条件，只要求解出系统闭环特征方程的全部根，就可立即判断出该系统是否稳定。但是，对于三阶及以上的高阶系统，求解方程的根比较困难，如果仅仅是判断系统的稳定性，则可以根据特征方程的各项系数来确定方程的根是否具有正实部，这就是劳斯稳定判据的基本思想。

劳斯稳定判据的应用只能限于有限项多项式中。劳斯稳定判据的应用程序如下：

①写出 s 的下列多项式方程：

$$a_0 s^n + a_1 s^{n-1} + \cdots + a_{n-1} s + a_n = 0 \tag{3-28}$$

式中，系数为实数。假设 $a_n \neq 0$，即排除掉任何零根的情况。

②如果在至少存在一个正系数的情况下，还存在小于等于零的系数，则必然存在虚根或具有正实部的根。在这种情况下，系统是不稳定的。所以，所有系数均为正，是系统稳定的必要条件。该结论可证明如下：

设 $s_i(i = 1,2,\cdots,n)$ 是系统的 n 个特征根，式(3-28)可写为

$$a_0 \prod_{i=1}^{n} (s - s_i) = 0 \ (a_0 \neq 0) \tag{3-29}$$

根据代数方程的基本理论，写出下列根与系数的关系式：

$$\frac{a_1}{a_0} = -\sum_{i=1}^{n} s_i , \quad \frac{a_2}{a_0} = \sum_{\substack{i,j=1 \\ i \neq j}}^{n} s_i s_j ,$$

$$\frac{a_3}{a_0} = -\sum_{\substack{i,j,k=1 \\ i \neq j \neq k}}^{n} s_i s_j s_k , \quad \cdots, \quad \frac{a_n}{a_0} = (-1)^n \prod_{i=1}^{n} s_i$$

从上述关系式可以导出系统特征根都具有负实部的必要条件为

$$a_i a_j > 0 \ (i,j = 1,2,\cdots,n) \tag{3-30}$$

即多项式方程各项系数同号且不缺项，证明了稳定的必要条件。

③如果所有的系数都是正的，则多项式的系数排列成为如下的劳斯行列表：

$$\begin{array}{cccccc}
s^n & a_0 & a_2 & a_4 & a_6 & \cdots\cdots \\
s^{n-1} & a_1 & a_3 & a_5 & a_7 & \cdots\cdots \\
s^{n-2} & b_1 & b_2 & b_3 & b_4 & \cdots\cdots \\
s^{n-3} & c_1 & c_2 & c_3 & c_4 & \cdots\cdots \\
\vdots & \vdots & \vdots & \vdots & \vdots & \cdots\cdots \\
s^1 & d_1 & & & & \\
s^0 & e_1 & & & &
\end{array}$$

表中从第三行开始的系数根据下列公式求得

$$b_1 = -\frac{1}{a_1}\begin{vmatrix} a_0 & a_2 \\ a_1 & a_3 \end{vmatrix}, \quad b_2 = -\frac{1}{a}\begin{vmatrix} a_0 & a_4 \\ a_1 & a_5 \end{vmatrix}, \quad b_3 = -\frac{1}{a_1}\begin{vmatrix} a_0 & a_6 \\ a_1 & a_7 \end{vmatrix}, \cdots\cdots$$

$$c_1 = -\frac{1}{b_1}\begin{vmatrix} a_1 & a_3 \\ b_1 & b_2 \end{vmatrix}, \quad c_2 = -\frac{1}{b_1}\begin{vmatrix} a_1 & a_5 \\ b_1 & b_3 \end{vmatrix}, \quad c_3 = -\frac{1}{b_1}\begin{vmatrix} a_1 & a_7 \\ b_1 & b_4 \end{vmatrix}, \cdots\cdots$$

$$\cdots\cdots$$

每行系数用其上两行系数计算而得，公式中利用上一行首项系数的负倒数乘以一个二阶行列式，该行列式第一列固定不变，取两行系数的第一列。第二列依次更换，直至计算到系数均为零时为止。这个过程一直进行

到第 $n+1$ 行算完为止。系数的完整阵列呈现为三角形。

需要注意的是，在计算时，可将某一行同乘以一个正数，以简化其后的数值运算，而不会影响稳定性结论。

④按行列表第一列系数符号确定根的分布：如果符号全为正，则特征根均在 s 左半平面，系统稳定。这也是系统稳定的充要条件；如果符号不全为正，则特征根存在正实部根，其正根数等于符号改变的次数，系统是不稳定的。

3.3.4　劳斯稳定判据的特殊情况

劳斯稳定判据有以下两种特殊情况①：

①如果某一行中的第一列系数等于零，其余列系数不全等于零或没有其余项，这时下一行系数将会无穷大，无法排列劳斯表。如果要继续排列劳斯表，则可用一个小正数 ε 代替第一列中的零，继续排列劳斯表。

通过得到的劳斯表，可利用劳斯稳定判据来判断系统的稳定性。如果第一列系数符号改变，则系统不稳定的原因是由于存在正实部根；如果第一列系数符号不改变，则一定存在临界虚根，系统临界稳定。总之，在这种情况下系统不稳定。

②如果某一行系数全为零，使得劳斯表无法继续，这种情况表明闭环特征根存在等值反号的实根、虚根或共轭虚根对。这些根的特点是以原点为对称点，呈对称形式，由此可知，系统肯定是不稳定系统。可利用上一行系数构成辅助多项式，并用该多项式的导数式的系数代替全零行，使劳斯表继续下去。也可以利用多项式构成的方程求得这些等值反号的根。

3.4　控制系统的稳态误差分析

控制系统的稳态误差，是系统控制准确度（控制精度）的一种度量，通常称为稳态性能。在控制系统设计中，稳态误差是一项重要的技术指标。

控制系统的稳态误差是不可避免的，控制系统设计的任务之一，是尽量减小系统的稳态误差，或者使稳态误差小于某一容许值。显然，只有当系统稳定时，研究稳态误差才有意义；对于不稳定的系统而言，根本不存在研究

① 张岳，白霞，孔晓红. 自动控制原理. 北京：清华大学出版社，2005.

稳态误差的可能性。

3.4.1 误差与稳态误差

典型控制系统的结构图如图 3-19 所示。

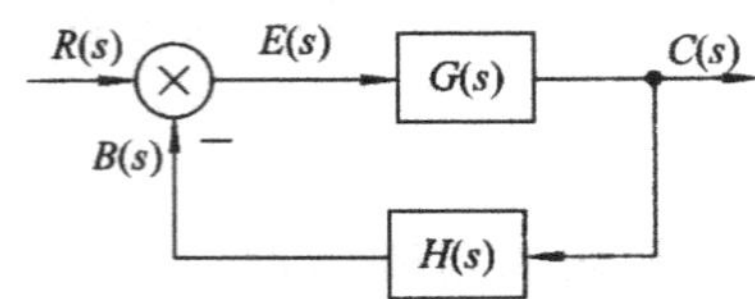

图 3-19 控制系统结构图

(1)从输出端定义误差

按照误差的定义,误差等于系统的期望输出与实际输出值,即

$$e'(t)=c^{*}(t)-c(t) \tag{3-31}$$

式中,$c^{*}(t)$ 表示期望输出量,其在实际系统中是无法测量的。因此,按照这种从输出端定义误差的方法是很难求取稳定误差的。

(2)从输入端定义误差

从系统输入端定义误差,即

$$e(t)=r(t)-b(t) \tag{3-32}$$

其拉普拉斯变换后的像函数形式为

$$E(s)=R(s)-B(s) \tag{3-33}$$

由结构图可以解释这种方法定义的误差。$r(t)$ 是系统的给定输入,必然对应系统对该输入的期望输出 $c^{*}(t)$;$b(t)$ 是 $c(t)$ 反馈到输入端的量,也反映系统实际输出 $c(t)$,但 $b(t)$ 的量纲与 $r(t)$ 一致。因此,在输入端定义的误差与输出端定义的误差原理上完全一致,两种误差存在一定的关系,即 $E'(s)H(s)=E(s)$ 。

由于 $r(t)$ 、$b(t)$ 可测量,因此这种方法更有实用性。

(3)稳态误差

误差本身是时间的函数,所谓稳态误差是指在时间 t 趋于无穷时的误差,用 e_{ss} 表示,即

$$e_{ss}=\lim_{t\to\infty}e(t)=\lim_{s\to 0}s\cdot E(s) \tag{3-34}$$

上式利用拉普拉斯终值定理将误差转化为复域表达式,便于后面通过传递函数分析稳态误差。

3.4.2 控制系统的类型

在一般情况下，分子阶次为 m，分母阶次为 n 的开环传递函数可表示为

$$G(s)H(s)=\frac{K\prod_{i=1}^{m}(\tau_i s+1)}{s^{\nu}\prod_{j=1}^{n-\nu}(T_j s+1)} \tag{3-35}$$

式中，K 为开环增益；τ_i 和 T_j 为时间常数；ν 为开环系统在 s 平面坐标原点上的极点的重数。

系统的类型是以 ν 的数值来划分的：$\nu=0$，称为 0 型系统；$\nu=1$，称为 Ⅰ 型系统；$\nu=2$，称为 Ⅱ 型系统……。当 $\nu>2$ 时，除复合控制系统外，使系统稳定是相当困难的。因此，除航天控制系统外，Ⅲ 型及 Ⅲ 型以上的系统几乎不采用。

3.4.3 给定信号作用下的稳态误差分析

1. 单位阶跃输入作用下的稳态误差分析

在单位阶跃输入下，系统的稳态误差为

$$\begin{aligned} e_{ss} &= \lim_{s\to 0} sE(s)=\lim_{s\to 0}\frac{s}{1+G(s)H(s)}\cdot\frac{1}{s} \\ &= \frac{1}{1+\lim\limits_{s\to 0}G(s)H(s)}=\frac{1}{1+K_p} \end{aligned} \tag{3-36}$$

式中，K_p 称为静态位置误差系数。

对于 0 型系统

$$K_p=\lim_{s\to 0}G(s)H(s)=\lim_{s\to 0}\frac{K\prod_{i=1}^{m}(\tau_i s+1)}{\prod_{j=1}^{n}(T_j s+1)}=K \tag{3-37}$$

对于 Ⅰ 型及 Ⅰ 型以上系统

$$K_p=\lim_{s\to 0}G(s)H(s)=\frac{K\prod_{i=1}^{m}(\tau_i s+1)}{s^{\nu}\prod_{j=1}^{n-\nu}(T_j s+1)}=\infty \tag{3-38}$$

对于单位阶跃输入下的稳态误差，可表示为

$$e_{ss}=\frac{1}{1+K_p}=\begin{cases}\dfrac{1}{1+K} & \nu=0\\ 0 & \nu\geqslant 1\end{cases} \tag{3-39}$$

由以上分析可知，如果反馈控制系统的前向通路中没有积分环节，则系统对阶跃输入信号的响应是包含稳态误差的，这时可称系统为位置有差系统。如果要求阶跃输入信号的稳态误差等于零，则系统应是Ⅰ型及Ⅰ型以上的，这种结构可称为位置无差系统。

2. 单位斜坡输入作用下的稳态误差分析

单位斜坡输入下，系统的稳态误差为

$$e_{ss}=\lim_{s\to 0}sE(s)=\lim_{s\to 0}\frac{s}{1+G(s)H(s)}\cdot\frac{1}{s^2}=\frac{1}{\lim\limits_{s\to 0}sG(s)H(s)}=\frac{1}{K_v} \tag{3-40}$$

式中，K_v 称为静态速度误差系数。

对于0型系统

$$K_v=\lim_{s\to 0}sG(s)H(s)=\lim_{s\to 0}s\frac{K\prod\limits_{i=1}^{m}(\tau_i s+1)}{\prod\limits_{j=1}^{n}(T_j s+1)}=0 \tag{3-41}$$

对于Ⅰ型系统

$$K_v=\lim_{s\to 0}sG(s)H(s)=\lim_{s\to 0}s\frac{K\prod\limits_{i=1}^{m}(\tau_i s+1)}{s\prod\limits_{j=1}^{n-1}(T_j s+1)}=K \tag{3-42}$$

对于Ⅱ型及Ⅱ型以上系统

$$K_v=\lim_{s\to 0}sG(s)H(s)=\lim_{s\to 0}s\frac{K\prod\limits_{i=1}^{m}(\tau_i s+1)}{s^{\nu}\prod\limits_{\substack{j=1\\ \nu\geqslant 2}}^{n-1}(T_j s+1)}=\infty \tag{3-43}$$

对于单位斜坡输入下的稳态误差，可表示为

$$e_{ss}=\frac{1}{K_v}=\begin{cases}\infty & \nu=0\\ \dfrac{1}{K} & \nu=1\\ 0 & \nu\geqslant 2\end{cases} \tag{3-44}$$

以上分析表明，0型系统不能跟踪斜坡输入信号，误差无限大，即实际系统不可取；Ⅰ型系统能够跟踪斜坡输入信号，但是具有一定的误差；Ⅱ型及Ⅱ型以上系统能够跟踪斜坡输入信号，且稳态误差为零。

3. 单位抛物线输入作用下的稳态误差分析

在单位抛物线输入下，系统的稳态误差为

$$e_{ss}=\lim_{s\to 0}sE(s)=\lim_{s\to 0}\frac{s}{1+G(s)H(s)}\cdot\frac{1}{s^3}=\frac{1}{\lim\limits_{s\to 0}s^2G(s)H(s)}=\frac{1}{K_a} \tag{3-45}$$

式中，K_a 称为静态加速度误差系数。

对于 0、Ⅰ型系统

$$K_a=\lim_{s\to 0}s^2G(s)H(s)=\lim_{s\to 0}s^2\frac{K\prod\limits_{i=1}^{m}(\tau_i s+1)}{s^{\nu}\prod\limits_{\substack{j=1\\ \nu=0,1}}^{n-\nu}(T_j s+1)}=0 \tag{3-46}$$

对于Ⅱ型系统

$$K_a=\lim_{s\to 0}s^2G(s)H(s)=\lim_{s\to 0}s^2\frac{K\prod\limits_{i=1}^{m}(\tau_i s+1)}{s^{2}\prod\limits_{j=1}^{n-\nu}(T_j s+1)}=K \tag{3-47}$$

对于Ⅲ型及Ⅲ型以上系统

$$K_a=\lim_{s\to 0}s^2G(s)H(s)=\lim_{s\to 0}s^2\frac{K\prod\limits_{i=1}^{m}(\tau_i s+1)}{s^{\nu}\prod\limits_{\substack{j=1\\ \nu\geqslant 3}}^{n-\nu}(T_j s+1)}=\infty \tag{3-48}$$

对于单位抛物线输入下的稳态误差，可表示为

$$e_{ss}=\frac{1}{K_a}=\begin{cases}\infty & \nu=0,1\\ \dfrac{1}{K} & \nu=2\\ 0 & \nu\geqslant 3\end{cases} \tag{3-49}$$

由此可见，0 型和Ⅰ型系统都不能跟踪抛物线输入信号，误差无限大，即实际系统不可取；Ⅱ型系统能够跟踪抛物线输入信号，但具有一定的误差；Ⅲ型及Ⅲ型以上系统能够跟踪抛物线输入信号，且稳态误差为零。

3.4.4　扰动信号作用下的稳态误差分析

控制系统除了受到给定输入信号的作用外，还经常受到各种扰动信号的作用，致使系统的性能受到破坏。

系统在扰动信号的作用下，同样也会引起稳态误差。由于扰动信号和

输入信号作用在系统的位置不同，因此它们分别作用的稳态误差也会不同。

含有扰动信号作用的系统的典型结构图如图 3-20 所示。

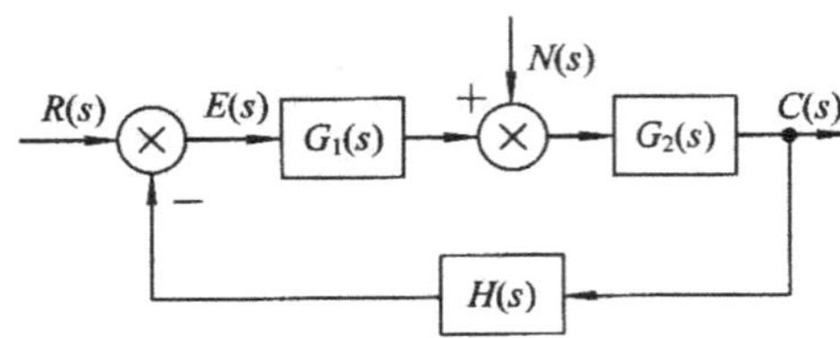

图 3-20　含扰动作用的系统结构图

扰动信号 $N(s)$ 作用下的稳态误差 $E(s)$（令 $R(s)=0$）为

$$E_n(s)=\Phi_{en}(s)N(s)=-\frac{G_2(s)H(s)}{1+G_1(s)G_2(s)H(s)}N(s) \tag{3-50}$$

扰动稳态误差为

$$e_{ssn}=\lim_{s\to 0}sE_n(s)=\lim_{s\to 0}s\cdot\frac{-G_2(s)H(s)}{1+G_1(s)G_2(s)H(s)}N(s) \tag{3-51}$$

由于 $\lim\limits_{s\to 0}G_1(s)G_2(s)H(s)=\lim\limits_{s\to 0}\dfrac{K\prod\limits_{i=1}^{m}(\tau_i s+1)}{s^\nu\prod\limits_{j=1}^{n-\nu}(T_j s+1)}=\lim\limits_{s\to 0}\dfrac{K}{s^\nu}\gg 1$，因此

$$e_{ssn}=\lim_{s\to 0}\frac{-s}{1+G_1(s)}N(s)=\lim_{s\to 0}\frac{-s}{\dfrac{K_1\prod(\tau_i s+1)}{s^{\nu_1}\prod(T_j s+1)}}N(s) \tag{3-52}$$

当扰动输入信号 $N(s)$ 分别为典型信号（阶跃信号、斜坡信号、抛物线信号）时，可以通过上式得到扰动作用的稳态误差，与输入稳态误差的计算过程类似。由上式可见，扰动稳态误差只与扰动作用前的函数 $G_1(s)$ 有关，增大 $G_1(s)$ 函数的放大系数 K_1 和积分环节个数 ν_1，就可以减小或消除稳态误差。

第4章　自动控制系统的频域分析

频域分析法是一种图解分析法。它依据系统的一种数学模型——频率特性，对系统的性能，如稳定性、快速性和准确性进行分析。频域分析法避免了求解方程等繁琐工作，同时也为难以列出系统或系统某个环节的微分方程创造了实验条件，这有着重要的实践指导意义。

4.1　频率特性概述

4.1.1　频率特性的概念

线性定常系统框图如图 4-1 所示。$G(s)$ 为系统的传递函数，将 $G(s)$ 中的 s 换成 $\mathrm{j}\omega$，把复变量 s 的函数变换为频率 ω 的复数函数，即频率特性用 $G(\mathrm{j}\omega)$ 表示为

$$G(\mathrm{j}\omega)=G(s)\big|_{s=\mathrm{j}\omega} \tag{4-1}$$

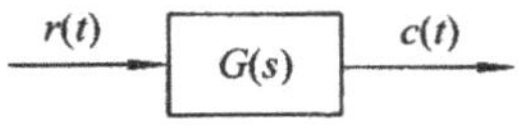

图 4-1　线性定常系统框图

频率特性 $G(\mathrm{j}\omega)$ 为复数函数，其对应幅值和相位分别是 ω 的函数。频率特性又分为幅频特性 $A(\omega)=|G(\mathrm{j}\omega)|$ 和相频特性 $\varphi(\omega)=\angle G(\mathrm{j}\omega)$，或者表示为实频特性 $\mathrm{Re}(\omega)=\mathrm{Re}[G(\mathrm{j}\omega)]$ 和虚频特性 $\mathrm{Im}(\omega)=\mathrm{Im}[G(\mathrm{j}\omega)]$。

当系统的输入信号为余弦函数 $r(t)=r_0\cos\omega t$ 时，对应系统的稳态输出为

$$c(t)=r_0|G(\mathrm{j}\omega)|\cos[\omega t+\angle G(\mathrm{j}\omega)]=r_0A(\omega)\cos[\omega t+\varphi(\omega)] \tag{4-2}$$

由上式可得，频率特性是指线性系统在弦函数的作用下，稳态输出与输入的复数之比对频率的关系特性。它反映了系统对弦函数信号的三大传递能力：同频、变幅、相移。

4.1.2 频率特性的几何表示方法

在工程分析和设计中，通常把频率特性画成曲线，从曲线出发进行研究。因此，为了掌握频域分析法，首先要了解并掌握频率特性的各种作图表示方法。

1. 极坐标图

极坐标图又称奈奎斯特(Nyquist)图或幅相特性曲线，坐标系以横轴为实轴、纵轴为虚轴，构成复数平面。对于任意给定的 ω 频率特性为复数，可以将频率特性表示为复指数形式①：

$$G(j\omega)=A(\omega)e^{j\varphi(\omega)} \tag{4-3}$$

在复平面上，频率特性可以表示为以 $A(\omega)$ 为模，以 $\varphi(\omega)$ 为角的向量。幅相特性曲线是将频率 ω 作为参变量，将幅频特性与相频特性同时表示在复平面上，当频率 ω 由零变到 ∞ 时，可在复平面上画出一组向量，将这一组向量的矢端连成一条曲线，即为幅相特性曲线。由于幅频特性为 ω 的偶函数，相频特性为 ω 的奇函数，则 ω 从零变化至 $+\infty$ 和 ω 从零变化至 $-\infty$ 的幅相特性曲线关于实轴对称。

2. 伯德图

伯德(Bode)图又称对数频率特性曲线。对数频率特性曲线由对数幅频曲线和对数相频曲线组成，是工程中广泛使用的一组曲线。

对数幅频特性曲线的横坐标按 $\lg\omega$ 分度，单位为弧度/秒(rad/s)，对数幅频曲线的纵坐标按

$$L(\omega)=20\lg|G(j\omega)|=20\lg A(\omega) \tag{4-4}$$

线性分度，单位是分贝(dB)，如图 4-2(a)所示。

对数相频曲线的纵坐标按 $\varphi(\omega)$ 线性分度，单位为度(°)，如图 4-2(b)所示。由此构成的坐标系称为半对数坐标系。

① 王锁庭，李洪涛. 自动控制原理. 北京：化学工业出版社，2009.

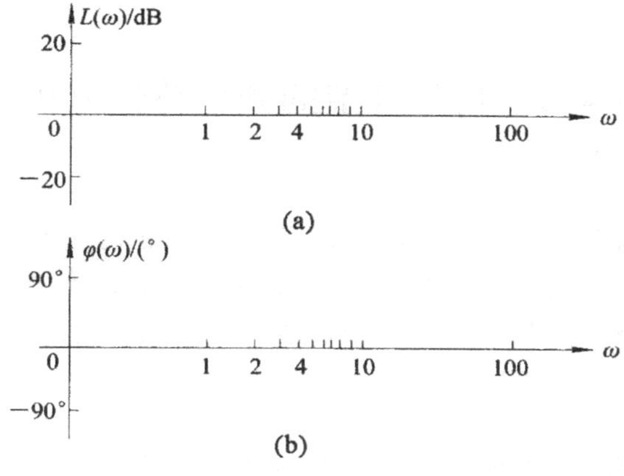

图 4-2　对数坐标

对数坐标的特点如下：

①横坐标频率按对数 $\lg\omega$ 均匀刻度，每一倍频程或十倍频程对应刻度均匀，但标的是频率 ω 的值，按 ω 是不均匀的。

②采用对数坐标，在画图过程中，可以将幅值的乘除运算转化为加减运算，可以采用简便方法绘制近似的对数幅频特性曲线。

③横轴压缩了高频段，扩展了低频段，可以较全面地表示频率特性曲线。

④对一些难以建立传递函数的环节或系统，将实验获得的频率特性数据画成对数频率特性曲线，来方便地确定频率特性函数并进行系统分析。

图 4-3 是 $G(j\omega)=\dfrac{1}{1+j0.5\omega}$ 对应的伯德图。

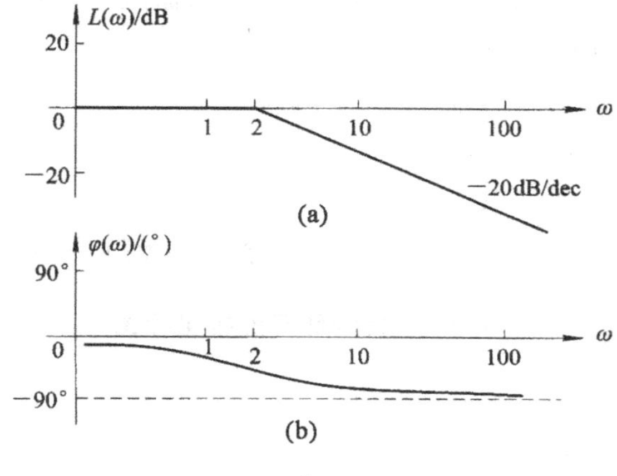

图 4-3　$\dfrac{1}{1+j0.5\omega}$ 的伯德图

4.2 典型环节的频率特性分析

通常，控制系统的开环传递函数 $G(s)H(s)$ 的分子和分母多项式都可以分解成若干个因子相乘的形式，这些常见的形式称为典型环节。归纳起来，典型环节通常有比例环节、积分环节、惯性环节、微分环节、振荡环节和延时环节。

4.2.1 比例环节的频率特性分析

比例环节的传递函数为

$$G(s)=K$$

频率特性为

$$G(j\omega)=K \tag{4-5}$$

1. 极坐标图

幅频特性为

$$A(\omega)=K \tag{4-6}$$

相频特性为

$$\varphi(\omega)=0^\circ \tag{4-7}$$

其频率特性和相频特性是与频率 ω 无关的一个常数，这表明，当 ω 从 $0\to\infty$ 时，$G(j\omega)$ 的幅值总是 K，相位总是 0。$G(j\omega)$ 在极坐标图上为实轴上的一定点 K，如图 4-4 所示。

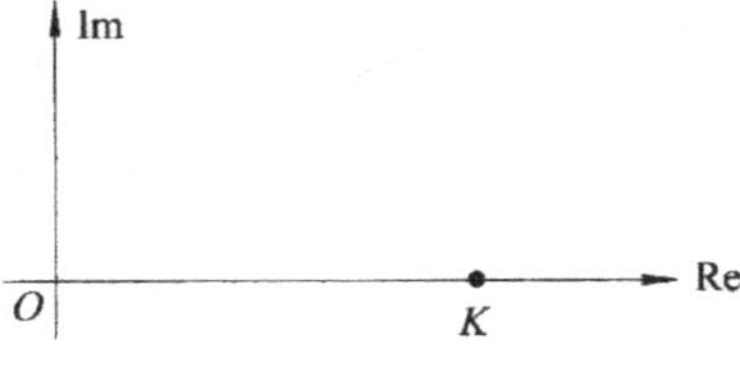

图 4-4 比例环节的极坐标图

2. 伯德图

对数幅频特性为

$$L(\omega)=20\lg A(\omega)=20\lg K \tag{4-8}$$

对数相频特性为

$$\varphi(\omega)=0^\circ \tag{4-9}$$

对数幅频特性是平行于横轴的一条水平线，对数相频特性是横坐标轴，如图 4-5 所示。

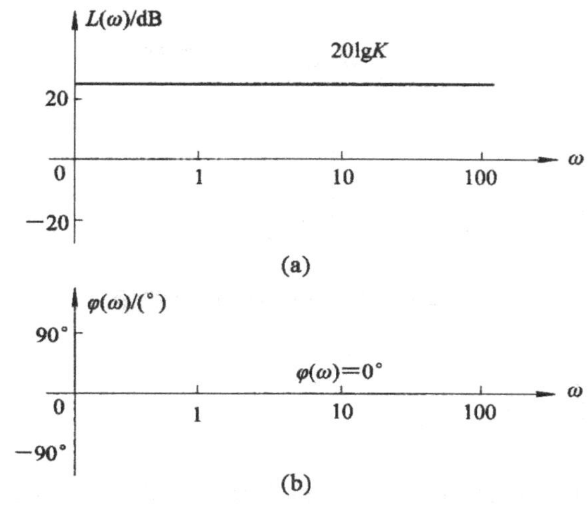

图 4-5　比例环节的伯德图

当 $K>1$ 时，其对数幅频特性 $L(\omega)$ 的分贝值为正；当 $K<1$ 时，其分贝值为负。改变传递函数中的增益 K 会导致对数幅频特性曲线上升或下降一个相应的常数，但不会影响相位曲线。

4.2.2　积分环节的频率特性分析

积分环节的传递函数为

$$G(s)=\frac{1}{s}$$

频率特性为

$$G(\mathrm{j}\omega)=\frac{1}{\mathrm{j}\omega} \tag{4-10}$$

1. 极坐标图

幅频特性为

$$A(\omega)=\frac{1}{\omega} \tag{4-11}$$

相频特性为

$$\varphi(\omega) = -90° \tag{4-12}$$

当 ω 从 $0 \to \infty$ 时，其相角恒为 $-90°$，幅值的大小与 ω 成反比。因此，极坐标图在负虚轴上，如图 4-6 所示。

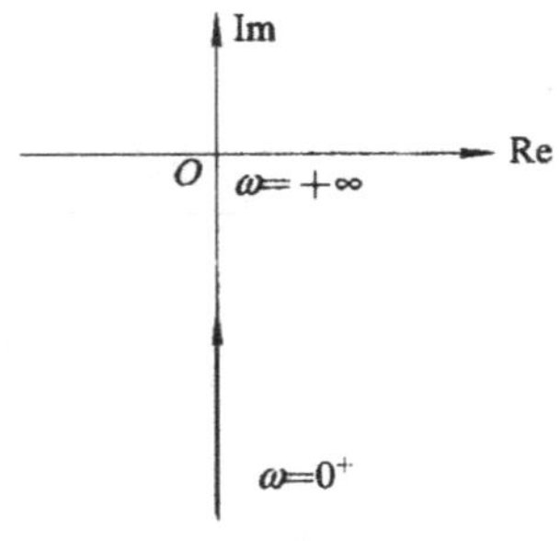

图 4-6　积分环节的极坐标图

2. 伯德图

对数幅频特性为

$$L(\omega) = 20\lg A(\omega) = -20\lg\omega \tag{4-13}$$

对数幅频特性曲线为每增大十倍程衰减 20dB 的一条斜线，是等斜率变化的，斜率记作 -20dB/dec，并且当 $\omega = 1$ 时过 0dB 线，如图 4-7(a)。

对数相频特性为

$$\varphi(\omega) = -90° \tag{4-14}$$

对数相频特性曲线为 $-90°$ 的一条水平线，如图 4-7(b)所示。

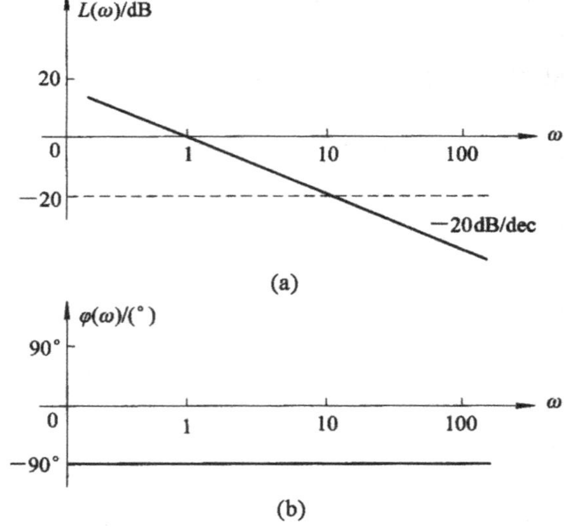

图 4-7　积分环节的伯德图

4.2.3　微分环节的频率特性分析

微分环节的传递函数为

$$G(s)=s$$

频率特性为

$$G(\mathrm{j}\omega)=\mathrm{j}\omega \tag{4-15}$$

1. 极坐标图

幅频特性为

$$A(\omega)=\omega \tag{4-16}$$

相频特性为

$$\varphi(\omega)=+90^\circ \tag{4-17}$$

当 ω 从 $0\to\infty$ 时，其相角恒为 90°，幅值的大小与 ω 称正比。因此，极坐标图在正虚轴上，如图 4-8 所示。

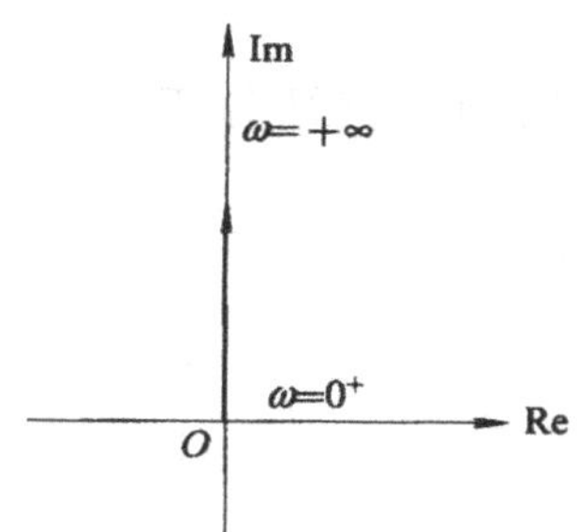

图 4-8　微分环节的极坐标图

2. 伯德图

对数幅频特性为

$$L(\omega)=20\lg A(\omega)=+20\lg\omega \tag{4-18}$$

可见，与积分环节相差一个符号，对数幅频特性曲线为每十倍频程增加 20dB 的一条斜线，也是等斜率变化的，如图 4-9(a)。

对数相频特性为

$$\varphi(\omega)=+90^\circ \tag{4-19}$$

对数相频特性曲线为 $+90^\circ$ 的一条直线，如图 4-9(b)所示。

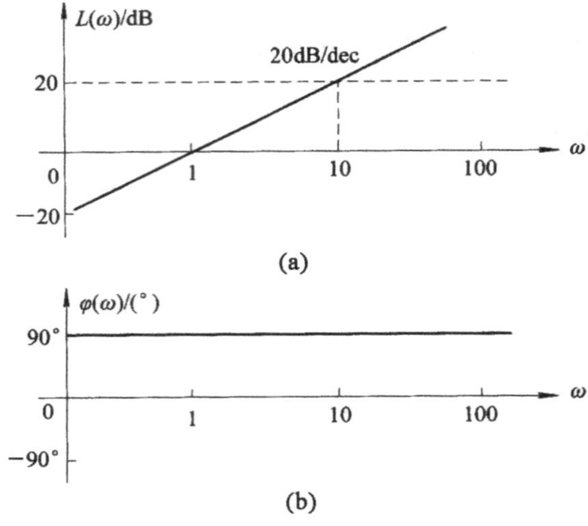

图 4-9　微分环节的伯德图

4.2.4　惯性环节的频率特性分析

惯性环节的传递函数为

$$G(s)=\frac{1}{Ts+1}$$

频率特性为

$$G(\mathrm{j}\omega)=\frac{1}{\mathrm{j}\omega T+1} \tag{4-20}$$

1. 极坐标图

幅频特性为

$$A(\omega)=\frac{1}{1+\omega^2T^2} \tag{4-21}$$

相频特性为

$$\varphi(\omega)=-\arctan\omega T \tag{4-22}$$

$A(\omega)$ 和 $\varphi(\omega)$ 均为单调递减函数，且起点：当 $\omega=0$ 时，$A(0)=1$，$\varphi(0)=0°$；终点：当 $\omega=+\infty$ 时，$A(+\infty)=0$，$\varphi(+\infty)=-90°$。

曲线如图 4-10 所示，为一个下半圆。

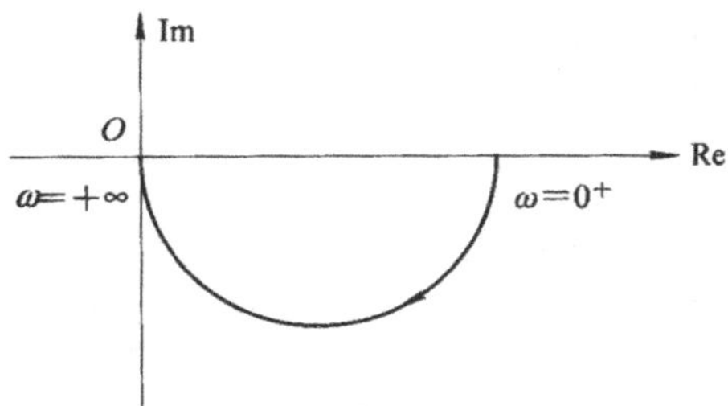

图 4-10　惯性环节的极坐标图

2. 伯德图

对数幅频特性为

$$L(\omega)=20\lg A(\omega)=20\lg\frac{1}{\sqrt{1+\omega^2T^2}}=-20\lg\sqrt{1+\omega^2T^2} \tag{4-23}$$

当 $\omega\ll 1/T$，即 $\omega T\ll 1$ 时，对数幅频特性可近似表示为

$$L(\omega)\approx -20\lg 1=0$$

即当频率很低时，曲线可用零分贝线近似。

当 $\omega\gg 1/T$，即 $\omega T\gg 1$ 时，对数幅频特性可近似表示为

$$L(\omega)\approx -20\lg\omega T$$

也即频率很高时，曲线可用一条斜率为－20dB/dec 的直线近似表示，与零分贝线交于 $\omega=1/T$。

因此，惯性环节的对数幅频特性曲线可用两条直线近似，低频部分为零分贝线，高频部分是斜率为－20dB/dec 的直线，两条直线交于 $\omega=1/T$，如图 4-11(a)所示。频率 $1/T$ 称为惯性环节的转折频率或交接频率或转角频率。

用渐近线近似表示 $L(\omega)$，必然存在误差 $\Delta L(\omega)$，$\Delta L(\omega)$ 可按以下公式计算：

$$\Delta L(\omega)=L(\omega)-L_a(\omega) \tag{4-24}$$

式中，$L(\omega)$ 表示准确值；$L_a(\omega)$ 表示近似值，于是

$$\Delta L(\omega)=\begin{cases}-20\lg\sqrt{1+\omega^2T^2} & \omega\ll 1/T\\ -20\lg\sqrt{1+\omega^2T^2}+20\lg\omega T & \omega\gg 1/T\end{cases} \tag{4-25}$$

根据上式得到误差曲线，如图 4-12 所示。在交接频率处误差最大，约为－3dB；在低于或高于交接频率一倍频程处，误差为－0.97dB；在低于或高于交接频率十倍频程处，误差为－0.04dB。因此，准确的曲线可根据渐近线修正得到。

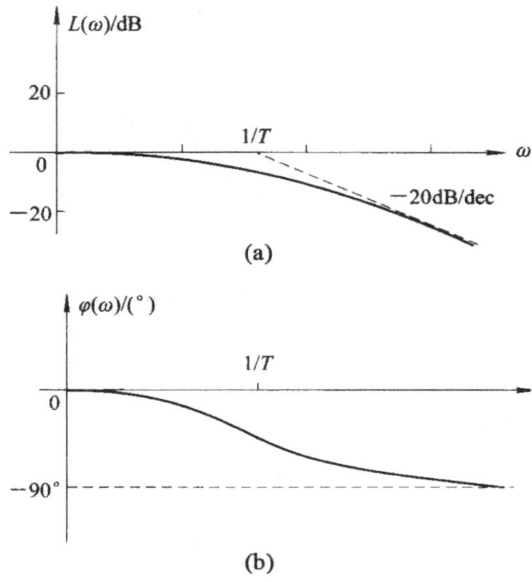

图 4-11 惯性环节的伯德图

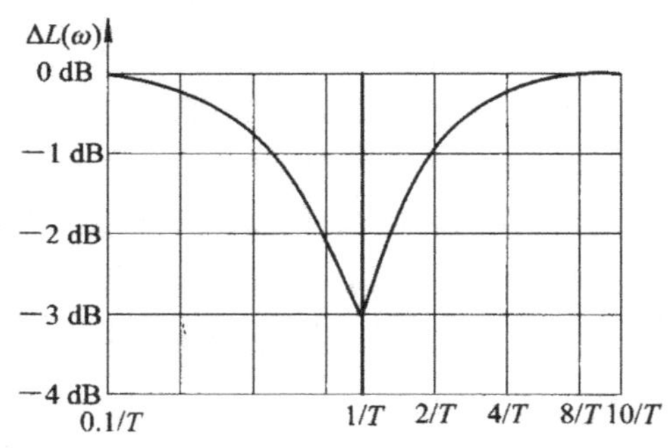

图 4-12 误差曲线

对数相频特性为

$$\varphi(\omega) = -\arctan\omega T \tag{4-26}$$

当 $\omega = 0$ 时，$\varphi(\omega) = 0°$；当 $\omega = 1/T$ 时，$\varphi(\omega) = -45°$；当 $\omega \to \infty$ 时，$\varphi(\omega) = -90°$。对数相频特性曲线如图 4-11(b)所示，该曲线是单调递减的，而且以交接频率为中心，两边的角度是斜对称的。

4.2.5　振荡环节的频率特性分析

振荡环节的传递函数为

$$G(s)=\frac{1}{Ts^2+2\xi Ts+1}=\frac{\omega_n^2}{s^2+2\xi\omega_n s+\omega_n^2}$$

频率特性为

$$G(j\omega)=\frac{\omega_n^2}{(j\omega)^2+j2\xi\omega_n\omega+\omega_n^2}=\frac{1}{\left(1-\frac{\omega^2}{\omega_n^2}\right)+j2\xi\frac{\omega}{\omega_n}} \tag{4-27}$$

1. 极坐标图

幅频特性为

$$A(\omega)=\frac{1}{\sqrt{\left(1-\frac{\omega^2}{\omega_n^2}\right)^2+\left(2\xi\frac{\omega}{\omega_n}\right)^2}} \tag{4-28}$$

相频特性为

$$\varphi(\omega)=\arctan\frac{2\xi\frac{\omega}{\omega_n}}{1-\frac{\omega^2}{\omega_n^2}} \tag{4-29}$$

当 $\omega=0$ 时，$A(0)=1$，$\varphi(0)=0°$；当 $\omega=\omega_n$ 时，$A(\omega_n)=\frac{1}{2}\xi$，$\varphi(\omega_n)=-90°$；当 $\omega=\infty$ 时，$A(\infty)=0$，$\varphi(\infty)=-180°$，其相频特性由 0°单调减至−180°，极坐标图在第Ⅳ、Ⅲ象限，如图 4-13 所示。

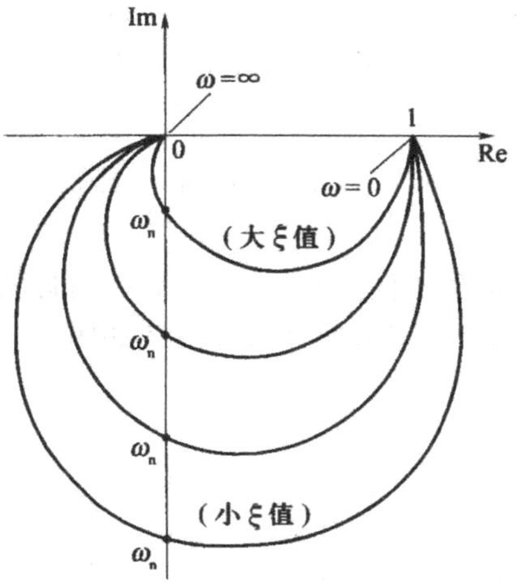

图 4-13　振荡环节的极坐标图

2. 伯德图

对数幅频特性为

$$L(\omega)=20\lg A(\omega)=20\lg\frac{1}{\sqrt{\left(1-\frac{\omega^2}{\omega_n^2}\right)^2+4\xi^2\frac{\omega^2}{\omega_n^2}}} \tag{4-30}$$

根据上式可以作出两条渐近线。当 $\omega \ll \omega_n$ 时，$L(\omega)\approx 0$；当 $\omega \gg \omega_n$ 时，$L(\omega)\approx -20\lg\frac{\omega^2}{\omega_n^2}=-40\lg\frac{\omega}{\omega_n}$。这是一条斜率为－40dB/dec 直线，和零分贝线交于 $\omega=\omega_n$ 的地方。故振荡环节的交接频率为 ω_n，对数幅频特性曲线如图 4-14 所示。

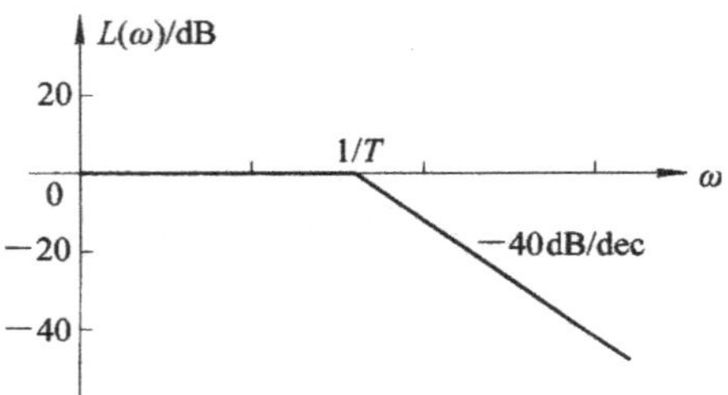

图 4-14　振荡环节近似对数幅频特性曲线

以上为近似的幅频特性曲线，实际的曲线在交接频率附近存在误差，误差大小与频率 ω 和系统参数 ξ 有关。振荡环节的交接频率为对数幅频特性如图 4-15(a)所示。

对数相频特性表达式为

$$\varphi(\omega)=-\arctan\frac{2\xi\frac{\omega}{\omega_n}}{1-\frac{\omega^2}{\omega_n^2}} \tag{4-31}$$

当 $\omega=0$ 时，$\varphi(0)=0°$；当 $\omega=\omega_n$ 时，$\varphi(\omega_n)=-90°$；当 $\omega\to\infty$ 时，$\varphi(\infty)=-180°$。

由于系统阻尼比取值不同，因此在交接频率附近的角度变化率也不同，阻尼比越小，变化率越大。对数相频特性曲线如图 4-15(b)所示。

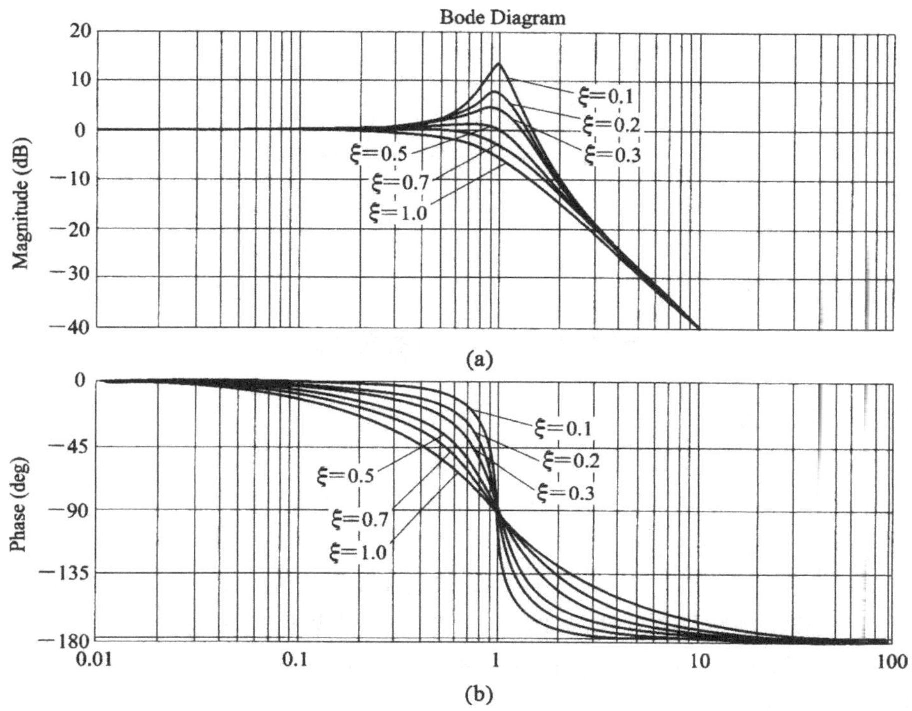

图 4-15　振荡环节的伯德图

4.2.6　延时环节的频率特性分析

延时环节的传递函数为

$$G(s) = e^{-\tau s}$$

频率特性为

$$G(j\omega) = e^{-j\tau\omega} \tag{4-32}$$

1. 极坐标图

幅频特性为

$$A(\omega) = 1 \tag{4-33}$$

相频特性为

$$\varphi(\omega) = -\tau\omega\,(\text{rad}) = -57.3\tau\omega\,(^\circ) \tag{4-34}$$

由于幅值总是 1，相角随频率而变化，因而其极坐标图为一单位圆，如图 4-16 所示。

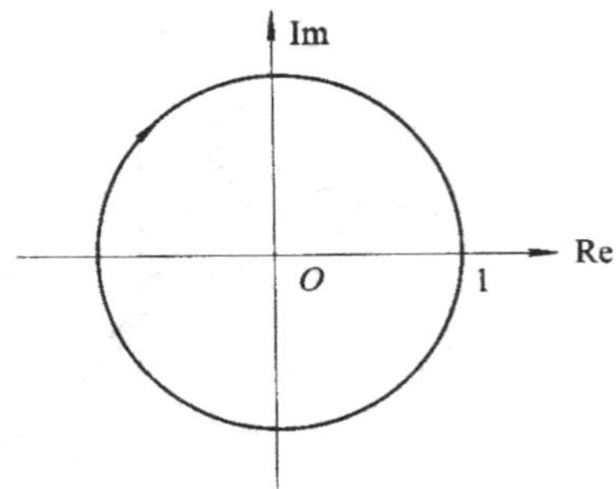

图 4-16　延迟环节的极坐标图

2. 伯德图

对数幅频特性为

$$L(\omega)=20\lg A(\omega)=0 \tag{4-35}$$

对数相频特性为

$$\varphi(\omega)=-57.3\tau\omega \tag{4-36}$$

对数相频特性在 ω 增大时，相位滞后角的数值与 τ 成比例增大。当 $\omega\to\infty$ 时，$\varphi(\omega)\to-\infty$，伯德图如图 4-17 所示。

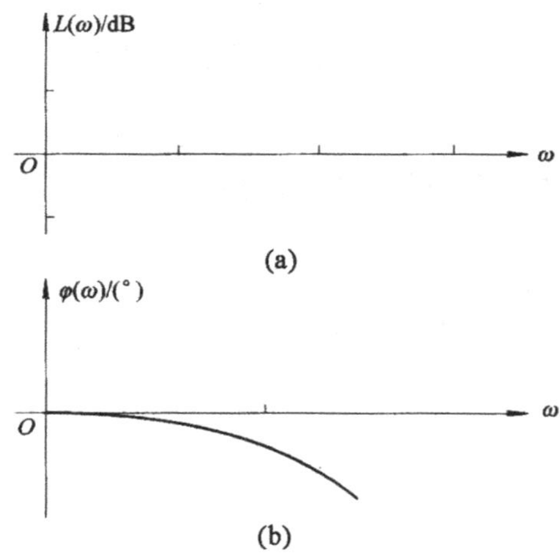

图 4-17　延迟环节的伯德图

4.3　系统的开环频率特性分析

在掌握了典型环节的频率特性的基础上，可以作出系统的开环频率特性曲线，即开环坐标图和开环伯德图，进而可以利用这些图形对所研究的系统进行分析。

4.3.1　开环极坐标图

一般不要求绘制出精确的极坐标图，但要正确地估计曲线的形状，这就需要掌握开环极坐标图在起点、终点以及与坐标轴交点的情况，定性地作出开环极坐标草图。

设系统的开环函数的一般形式为①

$$G_k(s)=G(s)H(s)=\frac{K}{s^{\nu}}\cdot\frac{\prod_{i=1}^{m_1}(\tau_i s+1)\cdot\prod_{i=1}^{m_2}(T_i^2 s^2+2\xi_i T_i s+1)}{\prod_{j=1}^{n_1}(T_j s+1)\cdot\prod_{j=1}^{n_2}(T_j^2 s^2+2\xi_j T_j s+1)} \tag{4-37}$$

式中，K 为开环增益，ν 为积分环节的个数；分母阶次为 n，分子阶次为 m，且 $n>m$。

系统的开环频率特性为

$$G_k(j\omega)=G(j\omega)H(j\omega)$$

$$=\frac{K}{(j\omega)^{\nu}}\cdot\frac{\prod_{i=1}^{m_1}(j\omega\tau_i+1)\cdot\prod_{i=1}^{m_2}[T_i^2(j\omega)^2+2j\xi_i T_i\omega+1]}{\prod_{j=1}^{n_1}(j\omega T_j+1)\cdot\prod_{j=1}^{n_2}[T_j^2(j\omega)^2+2j\xi_j T_j\omega+1]} \tag{4-38}$$

(1)极坐标图的起点

在低频段，当 $\omega=0$ 时：

对于 0 型系统，有

$$G_k(j0)=K\angle 0^\circ \tag{4-39}$$

① 王划一，杨西侠. 自动控制原理(第 2 版). 北京：国防工业出版社，2010.

对于Ⅰ型及Ⅰ型以上的系统，有

$$G_k(j0)=\infty\angle-\nu\cdot\frac{\pi}{2}$$

极坐标图的起点为实轴正半轴上的一点或者是起始于无穷远处，相角为 $-\nu\cdot\frac{\pi}{2}$ 的位置。

（2）极坐标的终点

在高频段，当 $\omega\to+\infty$ 时，有

$$G_k(+j\infty)=0\angle-(n-m)\cdot 90^\circ \tag{4-40}$$

极坐标终点为以 $-(n-m)\cdot 90^\circ$ 的相角与坐标轴相切的方向进入原点。

（3）与坐标轴的交点

与坐标轴的交点可用解析法求取。令频率特性表达式中虚部为零，解得 ω_x，再把 ω_x 代入实部，即得与实轴的交点坐标。

在不需要准确地作图时，根据上述三点可以非常方便地作出开环频率特性的极坐标草图。

已知单位反馈开环传递函数为

$$G_k(s)=\frac{1}{s(s+1)}$$

试概略绘制系统开环幅相曲线。

解：由于 $\nu=1$ 为Ⅰ型系统，根据极点-零点分布图，如图 4-18 所示。显然

开环幅相曲线起点为

$$G_k(j0)=\infty\angle-90^\circ$$

开环幅相曲线终点为

$$G_k(+j\infty)=0\angle-180^\circ$$

当 ω 增加时，$\varphi(\omega)$ 是单调减的，从 -90° 连续变换到 -180°。

与坐标轴的交点为

$$G_k(j\omega)=\frac{1}{j\omega(j\omega+1)}=-\frac{1}{1+\omega^2}-j\frac{1}{\omega(1+\omega^2)}$$

当 $\omega=0$ 时，实部函数有渐近线为−1，通过分析实部和虚部函数，可知与坐标轴无交点，且实部和虚部均小于 0，极坐标图应在第Ⅲ象限，开环概略极坐标图如图 4-18 所示。

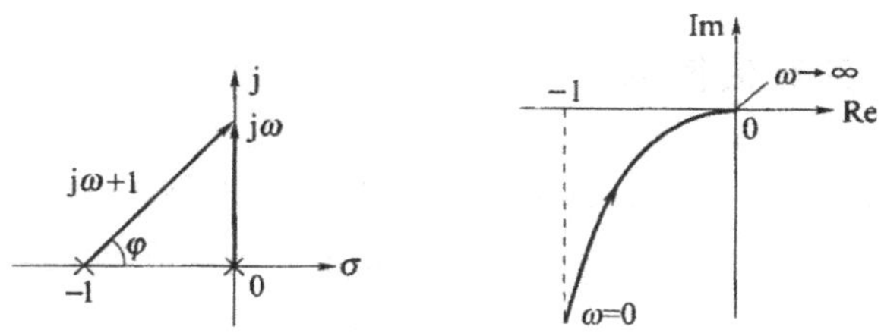

图 4-18　极点-零点分布图和极坐标图

已知单位反馈控制系统的开环传递函数为

$$G_k(s)=\frac{K(1+2s)}{s^2(0.5s+1)(1+s)}$$

试概略绘制系统开环幅相曲线。

解:由于 $\nu=2$ 为Ⅱ型系统,根据极点-零点分布图,如图 4-19 所示。显然

开环幅相曲线起点为

$$G_k(j0)=\infty\angle-180^\circ$$

开环幅相曲线终点为

$$G_k(+j\infty)=0\angle-270^\circ$$

与坐标轴的交点为

$$G_k(j\omega)=\frac{K}{\omega^2(1+0.25\omega^2)(1+\omega^2)}[-(1+2.5\omega^2)-j\omega(0.5-\omega^2)]$$

当 $\omega_x^2=0.5$,即 $\omega_x=0.707$ 时,极坐标图与实轴有一交点,交点坐标为

$$\mathrm{Re}(\omega_x)=-2.67K$$

因为 $\mathrm{Re}(\omega)<0$,当 $\omega<\omega_x$ 时, $\mathrm{Im}(\omega)<0$;当 $\omega>\omega_x$ 时, $\mathrm{Im}(\omega)>0$,所以极坐标图应在第Ⅲ象限和第Ⅱ象限,开环概略极坐标图如图 4-19 所示。

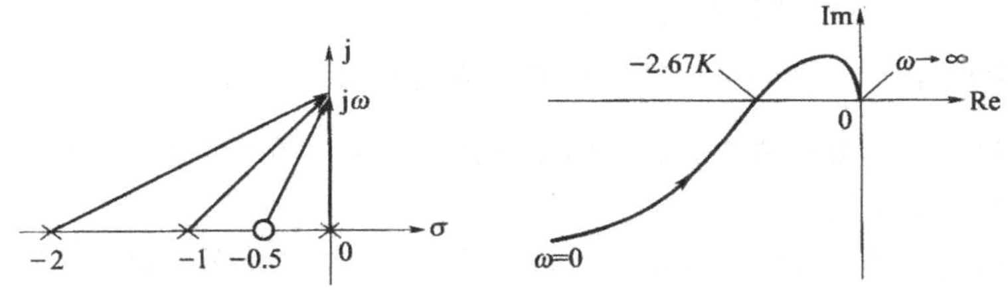

图 4-19　极点-零点分布图和极坐标图

4.3.2 开环伯德图

可以根据典型环节的对数频率特性曲线，方便地绘制出开环频率特性的对数曲线。设系统的开环传递函数由 n 个典型环节串联组成，即

$$G_{\mathrm{k}}(s)=G(s)H(s)=G_1(s)G_2(s)\cdots G_n(s)=\prod_{i=1}^{n}G_i(s) \tag{4-41}$$

系统的开环频率特性为

$$\begin{aligned}G_{\mathrm{k}}(\mathrm{j}\omega)&=G(\mathrm{j}\omega)H(\mathrm{j}\omega)\\&=\prod_{i=1}^{n}G_i(\mathrm{j}\omega)=\prod_{i=1}^{n}A_i(\omega)\angle\sum_{i=1}^{n}\varphi_i(\omega)=A(\omega)\angle\varphi(\omega)\end{aligned} \tag{4-42}$$

系统的对数幅频特性为

$$L_{\mathrm{k}}(\omega)=20\lg A(\omega)=20\lg\prod_{i=1}^{n}A_i(\omega)=\sum_{i=1}^{n}20\lg A_i(\omega)=\sum_{i=1}^{n}L_i(\omega) \tag{4-43}$$

对数相频特性为

$$\varphi_{\mathrm{k}}(\omega)=\sum_{i=1}^{n}\varphi_i(\omega) \tag{4-44}$$

通过分析可知，如果系统开环传递函数由 n 个典型环节串联组成，则其对数幅频特性曲线和对数相频特性曲线可由各典型环节的对数频率特性曲线叠加而成。

已知单位反馈控制系统的开环传递函数为

$$G_{\mathrm{k}}(s)=\frac{10}{s(0.2s+1)}$$

试绘制系统的开环对数频率特性曲线。

解：系统的开环传递函数由三个典型环节组成：比例环节 10、积分环节 $\frac{1}{s}$、惯性环节 $\frac{1}{0.2s+1}$。三个典型环节的对数频率特性曲线如图 4-20 所示。将这些典型环节的对数幅频特性曲线和对数相频特性曲线分别相加，即得开环伯德图。

通过上述系统的对数幅频特性曲线，可以看出开环对数幅频特性曲线有如下特点：

①低频段的斜率为 $-\nu\cdot 20\mathrm{dB/dec}$。其中，$\nu$ 为开环系统中所包含的串联积分环节的个数。

②低频段或其延长线在 $\omega=1$ 处的分贝值是 $20\lg K$。

③在交接频率处，曲线的斜率发生变化，改变多少取决于典型环节类

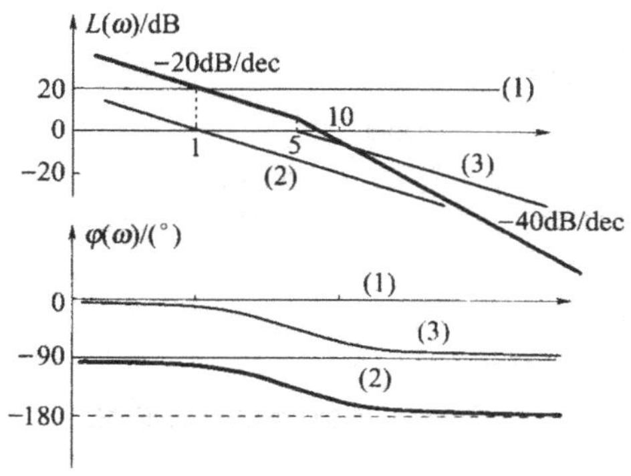

图 4-20　各典型环节的伯德图

型。如果遇到惯性环节，则斜率减小 20dB/dec；如果遇到振荡环节，则斜率减小 40dB/dec。

掌握以上特点，就能根据开环传递函数直接绘制对数幅频特性曲线。在绘制对数相频特性曲线时，首先确定低频段的相位角，其次确定高频段的相位角，再在中间选出一些插值点，计算出相应的相位角，将上述特征点连线即得对数相频特性的草图。

已知单位反馈系统的开环传递函数为

$$G_k(s)=\frac{100(s+2)}{s(s+1)(s+20)}$$

试绘制系统的开环对数幅频特性曲线。

解：先将开环函数化成由典型环节串联的标准形式，即

$$G_k(s)=\frac{10(0.5s+1)}{s(s+1)(0.05s+1)}$$

然后按下列步骤绘制近似曲线。

①把各典型环节对应的交接频率标在 ω 轴上。交接频率分别为 2，1，20，如图 4-21 所示。

②画出低频段直线(最左端)。斜率：-20dB/dec；位置：当 $\omega=1$ 时，$L(1)=20\lg K=20\lg 10=20\text{dB}$。

③由低频向高频延续，每经过一个交接频率，根据不同的典型环节特点，斜率作适当的改变，或者增大，或者减小。这样，就可以很容易绘制出开环对数幅频特性曲线，如图 4-21 所示。

④如果需要精确的对数幅频特性曲线，可在近似对数幅频特性曲线的基础上加以修正。

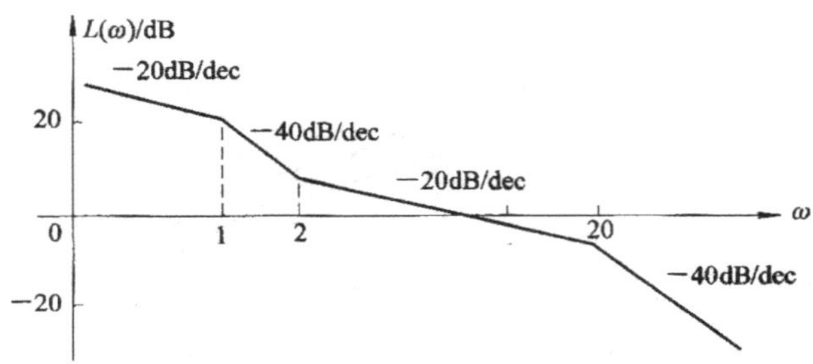

图 4-21　对数幅频特性曲线

4.3.3　最小相位和非最小相位系统

定义开环零点与开环极点全部位于 s 左半平面的系统为最小相位系统,否则称为非最小相位系统。

下面举例进行说明。

设最小相位系统和非最小相位系统的传递函数分别为

$$G_1(s)=\frac{1+T_2s}{1+T_1s},\quad G_2(s)=\frac{1-T_2s}{1-T_1s}$$

式中,$T_1>T_2>0$,对应的频率特性为

$$G_1(\mathrm{j}\omega)=\frac{1+\mathrm{j}\omega T_2}{1+\mathrm{j}\omega T_1},\quad G_2(s)=\frac{1-\mathrm{j}\omega T_2}{1-\mathrm{j}\omega T_1}$$

显然,这两个系统的对数幅频特性完全相同,而相频特性却完全不同。最小相位系统的相角变化范围最小,而非最小相位系统的相角却从 $0°$ 变化到 $-180°$。

最小相位系统具有以下几个特点:

①在具有相同的开环幅频特性的系统中,最小相位系统的相角变化范围最小,最小相位系统也因此而得名。

②最小相位系统的对数幅频特性曲线的变化趋势和其对数相频特性曲线的变化趋势是一致的。

③最小相位系统的幅频特性和相频特性及其传递函数具有一一对应的关系,即根据系统的对数幅频特性,可以唯一地确定系统的相频函数和传递函数,反之也可以根据传递函数确定幅频特性曲线。

④最小相位系统当 $\omega\to\infty$ 时,终点相角 $\varphi(\omega)\big|_{\omega\to\infty}=-90°(n-m)$,$n$ 为开环极点数,m 为开环零点数。

需要注意的是,非最小相位系统不具有以上特点。

4.4　奈奎斯特稳定判据的应用

奈奎斯特稳定判据是根据开环频率特性曲线判断闭环系统稳定性的一个判别准则，简称奈氏判据。

4.4.1　幅角原理

复变函数中的幅角原理是奈氏判据的数学基础，幅角原理用于控制系统的稳定性的判断还需要选择相应的辅助函数和闭合曲线。

在 s 平面上任意选一复数 s ，设 $F(s)$ 是 s 的有理分式函数，则通过复变函数 $F(s)$ 的映射关系，在 $F(s)$ 平面上可以确定关于 s 的像。

在 s 平面上任意选一条闭合曲线 Γ_s，且不通过 $F(s)$ 的任意零点和极点，当 s 从闭合曲线 Γ_s 上任意一点 A 开始，顺时针沿着 Γ_s 曲线运动一周，再回到 A 点时，则 $F(s)$ 平面上已从点 $F(A)$ 开始，到点 $F(A)$ 为止已形成一条闭合曲线 Γ_F。

设 $F(s)$ 表达式为

$$F(s)=\frac{(s-z_1)(s-z_2)}{(s-p_1)(s-p_2)} \tag{4-45}$$

式中，z_1、z_2 为 $F(s)$ 的零点；p_1、p_2 为 $F(s)$ 的极点，如图 4-22 所示，Γ_s 曲线包含零点和极点 z_1、p_1 。

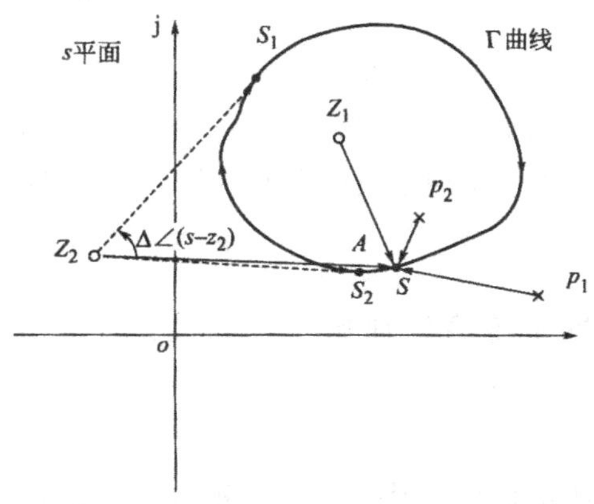

图 4-22　s 与 $F(s)$ 的映射关系

s 沿着闭合曲线 Γ_s 顺时针运动一周，则 $F(s)$ 的相角变化为 $\Delta F(s)$，即在 $F(s)$ 平面上，$F(s)$ 围绕原点的相角变化为 $\Delta F(s)$。

因为

$$\angle F(s)=[\angle(s-z_1)+\angle(s-z_2)]-[\angle(s-p_1)+\angle(s-p_2)] \tag{4-46}$$

所以

$$\Delta\angle F(s)=[\Delta\angle(s-z_1)+\Delta\angle(s-z_2)]-[\Delta\angle(s-p_1)+\Delta\angle(s-p_2)] \tag{4-47}$$

由于 z_1、p_1 被 Γ_s 所包围，故根据复平面向量的相角定义，顺时针旋转为负，逆时针旋转为正。

$$\Delta\angle(s-z_1)=\Delta\angle(s-p_1)=-2\pi$$

以零点 z_2 为例，设点 s_1、s_2 为过 z_2 点与 Γ_s 曲线相切的切点，在 Γ_s 曲线的弧 s_1s_2 段，$\angle(s-z_2)$ 在减小；在 Γ_s 曲线的弧 s_2s_1 段，$\angle(s-z_2)$ 在增大，且增大和减小的角度相等。

所以

$$\Delta\angle(s-z_2)=0$$

同理

$$\Delta\angle(s-p_2)=0$$

当 s 沿着 s 平面任意闭合曲线 Γ_s 顺时针运动一周时，Γ_F 绕 $F(s)$ 平面原点的圈数只和 s 平面曲线 Γ_s 包围的零极点的个数有关，设曲线 Γ_F 逆时针围绕 $F(s)$ 平面原点的圈数为 R，由于相角逆时针为正；顺时针为负，所以，幅角原理：设 s 平面 Γ_s 曲线中包围 $F(s)$ 的 Z 个零点、P 个极点，当 s 沿着 s 平面曲线 Γ_s 顺时针运动一周时，则 $F(s)$ 平面上，$F(s)$ 闭合曲线 Γ_F 包围原点的圈数为

$$R=P-Z \tag{4-48}$$

式中，$R>0$ 表示曲线 Γ_F 逆时针围绕 $F(s)$ 平面原点的圈数；$R<0$ 表示曲线 Γ_F 顺时针围绕 $F(s)$ 平面原点的圈数；$R=0$ 表示曲线 Γ_F 不包围 $F(s)$ 平面的原点。

4.4.2 奈奎斯特稳定判据

1. 辅助函数

研究图 4-23 所示系统。图中，$G(s)$ 和 $H(s)$ 是两个多项式之比

$$G(s)=\frac{M_1(s)}{N_1(s)},\quad H(s)=\frac{M_2(s)}{N_2(s)}$$

其中，$M_1(s)$，$M_2(s)$ 为分子多项式；$N_1(s)$，$N_2(s)$ 为分母多项式。分子多项式的最高阶次为 m_1 和 m_2，分母多项式的最高阶次为 n_1 和 n_2，且有 $m_1 \leqslant n_1$，$m_2 \leqslant m_2$。

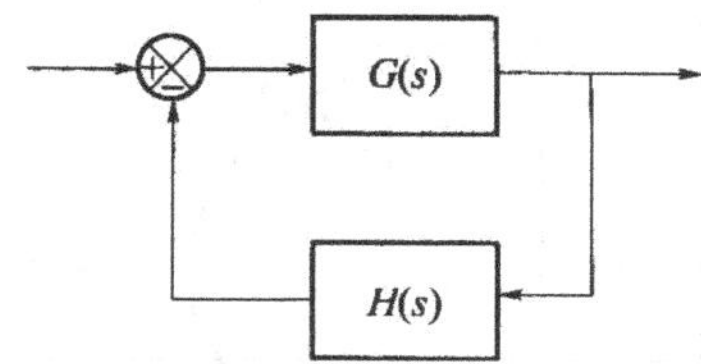

图 4-23　负反馈控制系统

如果 $G(s)$ 和 $H(s)$ 无零点和极点对消，则系统的开环传递函数为

$$G_k(s) = G(s)H(s) = \frac{M_1(s)M_2(s)}{N_1(s)N_2(s)} \tag{4-49}$$

闭环传递函数为

$$\varphi(s) = \frac{G(s)}{1+G(s)H(s)} = \frac{M_1(s)N_2(s)}{N_1(s)N_2(s)+M_1(s)M_2(s)} \tag{4-50}$$

奈奎斯特稳定判据是从研究闭环和开环特征多项式之比这一函数着手的，这个函数仍是复变量 s 的函数，并称之为辅助函数，记作 $F(s)$，即

$$\begin{aligned} F(s) &= \frac{D_B(s)}{D(s)} = \frac{N_1(s)N_2(s)+M_1(s)M_2(s)}{N_1(s)N_2(s)} \\ &= 1+\frac{M_1(s)M_2(s)}{N_1(s)N_2(s)} = 1+G(s)H(s) \end{aligned} \tag{4-51}$$

由上式可知，辅助函数和开环传递函数之间仅相差 1。考虑到物理系统中，开环传递函数的 $m>n$，所以 $F(s)$ 的分子和分母两个多项式的最高阶次一样，均为 n，$F(s)$ 可改写为

$$F(s) = \frac{\prod_{i=1}^{n}(s-z_i)}{\prod_{i=1}^{n}(s-p_i)} \tag{4-52}$$

式中，z_i 和 p_i 分别为 $F(s)$ 的零点和极点。

通过上述分析可知，$F(s)$ 具有以下几个特点：

①其零点是闭环特征根，极点是开环特征根。

②零点和极点个数相同。

③ $F(s)$ 和 $G(s)H(s)$ 只相差常数 1。

通常系统的开环极点是已知的，需要确定的系统闭环极点是未知的。通过辅助函数 $F(s)$，就把控制系统的开环极点与闭环极点联系起来了。

2. s 平面上的封闭曲线 Γ_s

在 s 平面上，选择封闭曲线 Γ_s 为包围整个右半 s 平面，如图 4-24 所示。

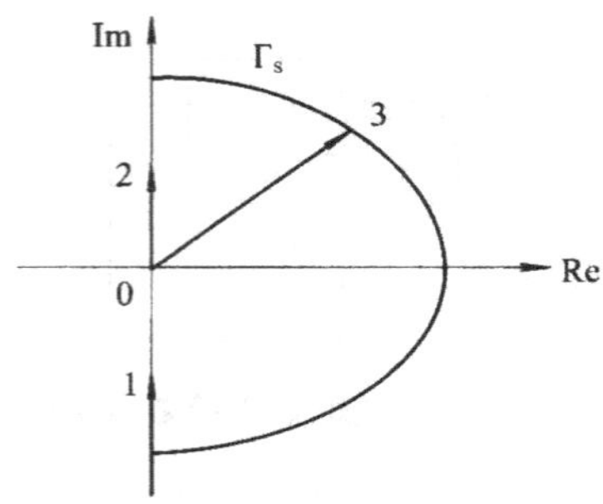

图 4-24　封闭曲线 Γ_s

如果 Γ_s 内不包含 $F(s)$ 的零点(即闭环极点)，即 $Z = 0$，则系统稳定；否则，系统不稳定。由于封闭曲线 Γ_s 不能通过 $F(s)$ 的极点，因此，分两种情况进行讨论：

(1) $F(s)$ 在虚轴上无极点

将曲线 $F(s)$ 分成三段：第一段为负虚轴，第二段为正虚轴，第三段为无穷大半圆。

①负虚轴。$s = -\mathrm{j}\omega$，在 GH 平面上的映射为

$$\begin{aligned} G(s)H(s)\big|_{s=-\mathrm{j}\omega} &= \left|G(-\mathrm{j}\omega)H(-\mathrm{j}\omega)\right| \mathrm{e}^{\mathrm{j}\angle G(-\mathrm{j}\omega)H(-\mathrm{j}\omega)} \\ &= \left|G(\mathrm{j}\omega)H(\mathrm{j}\omega)\right| \mathrm{e}^{-\mathrm{j}\angle G(\mathrm{j}\omega)H(\mathrm{j}\omega)} \end{aligned} \tag{4-53}$$

即负虚轴在 GH 的平面映射恰巧为开环幅相曲线关于实轴的对称曲线，即 $\omega \in (-\infty, 0)$ 时的开环幅相曲线。

②正虚轴。$s = \mathrm{j}\omega$，在 GH 平面的映射为

$$G(s)H(s)\big|_{s=\mathrm{j}\omega} = \left|G(\mathrm{j}\omega)H(\mathrm{j}\omega)\right| \mathrm{e}^{\mathrm{j}\angle G(\mathrm{j}\omega)H(\mathrm{j}\omega)} \tag{4-54}$$

即正虚轴在 GH 平面的映射恰巧为系统的开环频率特性的幅相曲线，即 $\omega \in (0, +\infty)$ 时的开环幅相曲线。

③无穷大半圆。$s = \lim\limits_{R\to\infty} R\mathrm{e}^{-\mathrm{j}\varphi}$，在 GH 平面上的映射为

$$\begin{aligned} G(s)H(s)\big|_{s=\lim\limits_{R\to\infty} R\mathrm{e}^{-\mathrm{j}\varphi}} &= \frac{b_m s^m + b_{m-1}s^{m-1} + \cdots + b_1 s + b_0}{a_n s^n + a_{n-1}s^{n-1} + \cdots + a_1 s + a_0}\bigg|_{s=\lim\limits_{R\to\infty} R\mathrm{e}^{-\mathrm{j}\varphi}} \\ &= \left(\lim_{R\to\infty} \frac{b_m}{a_n} \cdot \frac{1}{R^{n-m}}\right) \mathrm{e}^{\mathrm{j}(n-m)\varphi} \end{aligned} \tag{4-55}$$

当 $n = m$ 时，

$$G(s)H(s)\big|_{s=\lim\limits_{R\to\infty} R\mathrm{e}^{-\mathrm{j}\varphi}} = \frac{b_m}{a_n} = K \tag{4-56}$$

即无穷大半圆在 GH 平面上的映射为常数 K。

当 $n > m$ 时，

$$G(s)H(s)\Big|_{s=\lim\limits_{R\to\infty}Re^{-j\varphi}} = 0 \cdot e^{j(n-m)\varphi} \tag{4-57}$$

即无穷大半圆在 GH 平面上的映射为坐标原点。

(2) $F(s)$ 在虚轴上有极点

由于 Γ_s 不能通过 $F(s)$ 的极点，因此，当开环传递函数含有虚轴上的极点时，曲线 Γ_s 必须绕过这些极点，如图 4-25 所示。

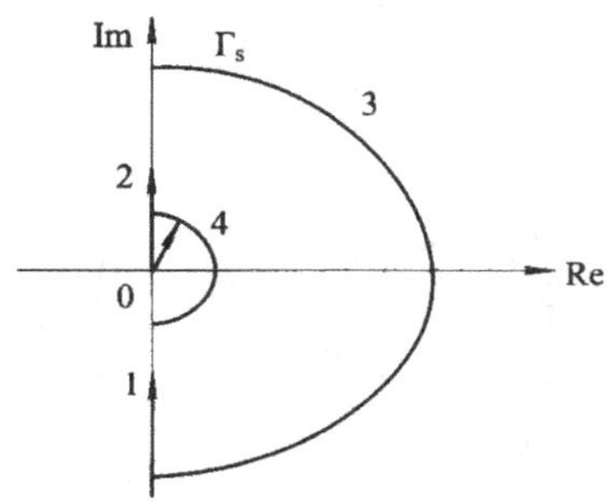

图 4-25　封闭曲线 Γ_s

下面以开环函数含有积分环节为例进行讨论。此时，Γ_s 曲线增加了第四部分，以原点为圆心、无穷小半径逆时针作圆，即右半平面的极点不包含该点。

第四部分的定义为

$$s = \lim_{R\to 0} Re^{j\theta} \quad \left(-\frac{\pi}{2} \leqslant \theta \leqslant \frac{\pi}{2}\right) \tag{4-58}$$

表明 s 沿以原点为圆心、半径为无穷小的右半圆弧逆时针变化（ω 由 $0_- \to 0_+$）。由于小圆弧的半径趋于 0，其面积也趋于 0，这样，Γ_s 既绕过了位于 GH 平面原点处的极点，又包围了整个右半 s 平面。如果在虚轴上还有其他极点，也可采用同样的方法，使 Γ_s 绕过这些虚轴上的极点。

设系统的开环传递函数为

$$G(s)H(s) = \frac{K(s-z_1)(s-z_2)\cdots(s-z_m)}{s^{\nu}(s-p_1)(s-p_2)\cdots(s-p_{n-\nu})}$$

式中，ν 为系统中含有积分环节的个数或位于原点的开环极点数。当 $s = \lim\limits_{r\to 0} re^{j\theta}$ 时，

$$G(s)H(s)\Big|_{s=\lim\limits_{r\to 0}re^{j\theta}} = \frac{K(s-z_1)(s-z_2)\cdots(s-z_m)}{s^{\nu}(s-p_1)(s-p_2)\cdots(s-p_{n-\nu})}\Bigg|_{s=\lim\limits_{r\to 0}re^{j\theta}}$$

$$= \lim_{r\to 0}\frac{K}{r^{\nu}}e^{-j\nu\theta} = \infty \cdot e^{-j\nu\theta} \tag{4-59}$$

上式表明，第四部分的无穷小半圆弧逆时针变化（ω 由 $0_- \to 0_+$）在 GH 平面上的映射为顺时针变化的无穷大圆弧，变化弧度为 $\nu\pi$。

由以上四段在 GH 平面映射构成的曲线称为奈氏曲线，通过奈氏曲线，利用奈氏判据可以进行系统稳定性分析。

图 4-26 所示为 $\nu=1$ 时系统的奈氏曲线，其中虚线部分是 Γ_s 上无穷小半圆弧在 GH 平面上的映射。

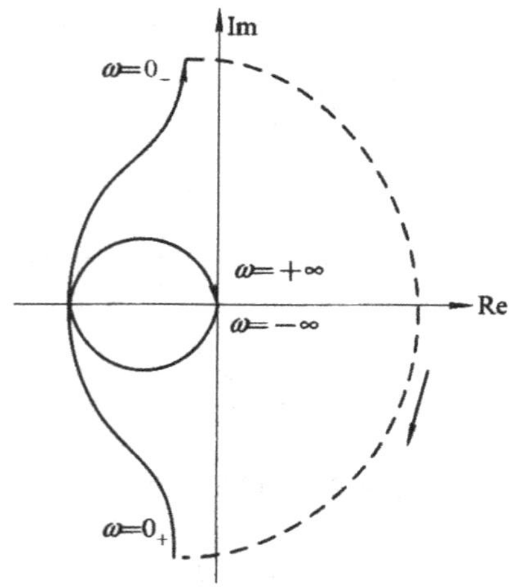

图 4-26　$\nu=1$ 时系统的奈氏曲线

3. 幅角原理的应用

闭环系统稳定的充分必要条件是，系统的 Γ_{GH} 曲线逆时针包围 $(-1,j0)$ 点的圈数 R 等于开环正实部极点的个数 P。当 Γ_{GH} 曲线穿过 $(-1,j0)$ 点时，系统临界稳定。

由幅角原理可知

$$R=P-Z$$

式中，Z 表示闭环传递函数在 s 有半平面极点的个数；P 表示开环传递函数在右半 s 平面极点的个数；R 表示奈氏曲线绕 $(-1,j0)$ 点的周数，逆时针绕点时，R 为正，反之 R 为负。

所以，

①当 $R=P$ 时，$Z=0$，系统稳定。

②当 $R\neq P$ 时，$Z\neq 0$，系统不稳定。

③当 $P=0$ 时，若 $R=0$，则系统稳定；反之 $R\neq 0$，则系统不稳定。

一单位反馈系统，开环传递函数为

$$G(s)=\frac{K(T_1s+1)}{s^2(T_2s+1)}\quad(T_1>T_2>0)$$

试用奈奎斯特稳定判据判别其闭环系统的稳定。

解：系统的开环幅相曲线如图 4-27 所示。

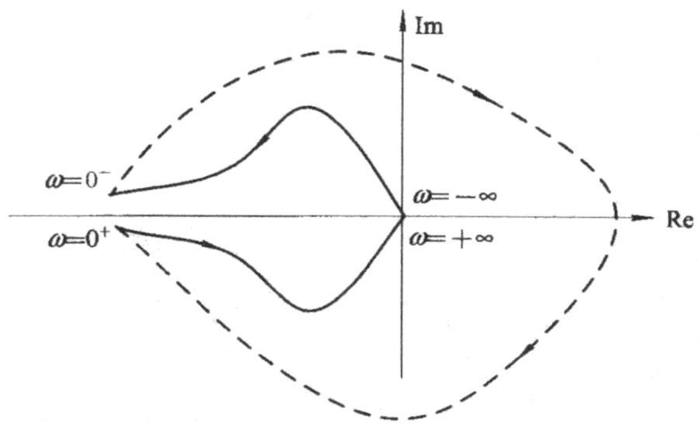

图 4-27　系统的开环幅相曲线

由图 4-27 可知，曲线不包围(−1,j0)，即 $N=0$。根据奈奎斯特稳定判据可以求出闭环系统在右半 s 平面的极点数为 $Z=P-N=0-0=0$。

故闭环系统稳定。

4.5　控制系统的频域性能指标分析

衡量系统相对稳定性的指标通常为幅值裕度和相位裕度。

4.5.1　幅值裕度

开环频率特性的相角等于 −180° 时所对应的角频率称为相角交越频率，记为 ω_g，

$$\angle G(j\omega_g)H(j\omega_g)=-180° \tag{4-60}$$

在 ω_g 时幅值为 $A(\omega_g)$，增大 K_g 倍后为单位 1（穿过单位圆），即 $A(\omega_g)K_g=1$，称开环幅频特性幅值的倒数为控制系统的幅值裕度（增益裕度），记作

$$K_g=\frac{1}{|G(j\omega_g)H(j\omega_g)|}=\frac{1}{A(\omega_g)} \tag{4-61}$$

若用分贝值表示幅值裕度，则有

$$K_g(\mathrm{dB}) = 20\lg K_g = 20\lg\left|\frac{1}{G(\mathrm{j}\omega_g)H(\mathrm{j}\omega_g)}\right| = -20\lg|G(\mathrm{j}\omega_g)H(\mathrm{j}\omega_g)| \tag{4-62}$$

显然，对于稳定的系统，幅值裕度 $K_g > 1$，即 $K_g(\mathrm{dB}) > 0$，幅值裕度为正值；对于不稳定的系统，幅值裕度 $K_g < 1$，即 $K_g(\mathrm{dB}) < 0$，幅值裕度为负值，如图 4-28 所示。

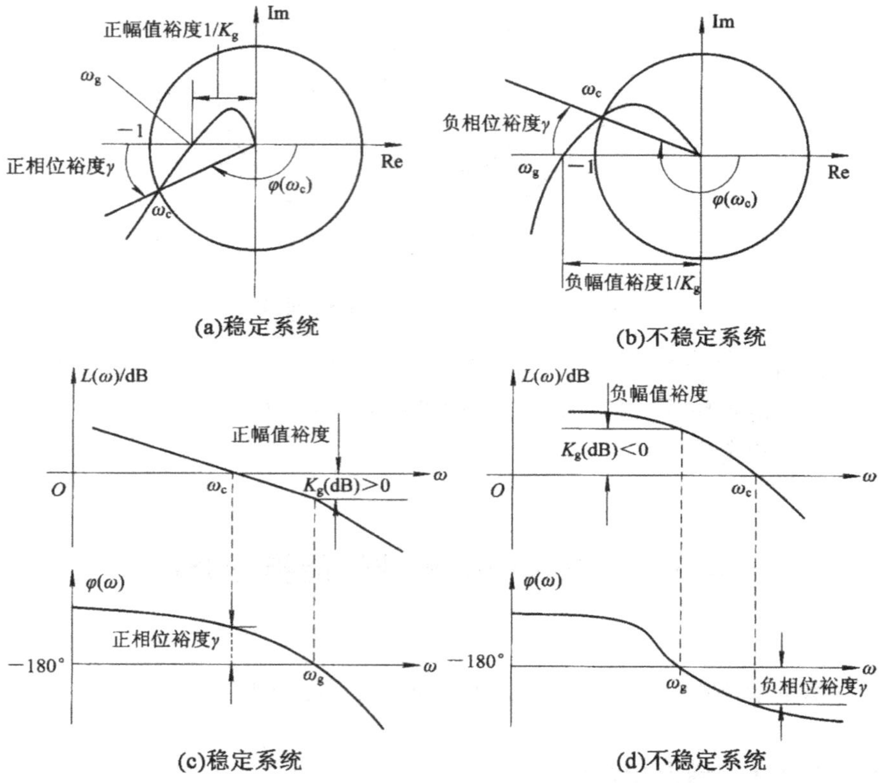

图 4-28　稳定与不稳定系统的幅值裕度和相位裕度

通常幅值裕度大的系统，其稳定性优于幅值裕度小的系统。但是，幅值裕度只是表征系统相对稳定性的指标之一，仅仅用幅值裕度还不能充分表示所有系统的稳定程度。因此，引入了另一个指标——相位裕度。

4.5.2　相位裕度

系统的开环频率特性的幅值为 1 时，系统开环频率特性的相角与 180°之和定义为相位裕度 γ，所对应的频率 ω_c 称为系统的截止频率，即

$$\gamma = 180° + \angle G(j\omega_c)H(j\omega_c)$$

式中，ω_c 满足 $A(\omega_c) = |G(j\omega_c)H(j\omega_c)| = 1$。

相位裕度 γ 的物理意义是：对于闭环稳定的系统，如果系统开环相频特性再滞后 γ 度，则系统将处于临界稳定状态。

相位裕度 γ 从负实轴算起，逆时针为正，顺时针为负。对于稳定的系统，其相位裕度为正，即 $\gamma > 0$；对于不稳定的系统，其相位裕度为负，即 $\gamma < 0$，如图 4-28 所示。

综上所述，对于闭环稳定的系统，应该有 $\gamma > 0$，且 $K_g > 1$。对于闭环不稳定的系统，应该有 $\gamma < 0$，且 $K_g < 1$。显然，幅值裕度和相位裕度越大，系统的稳定性越好。但是，稳定裕度过大会影响系统的其他性能。工程上一般选择幅值裕度 K_g(dB) 为 6～20dB，相位裕度 γ 为 30° ～ 60°。

一阶、二阶系统的 γ 总是大于零，而 K_g 无穷大。因此，理论上来说系统不会不稳定。但是，某些一阶和二阶系统的数学模型是在忽略了一些次要因素后建立的，实际系统常常是高阶的，其幅值裕度不可能无穷大。因此，开环增益太大，系统仍可能不稳定。

γ 和 K_g 可以用来作为控制系统的开环频域性能指标。在分析或者设计一个控制系统时，系统的性能就要用 γ 与 K_g 的定量值来描述了。

在使用时，γ 和 K_g 是成对来使用的。有时仅使用一个裕度指标，如经常使用的是相角裕度 γ，这时对于系统的绝对稳定性的分析没有什么影响。但是在 γ 较大，而 K_g 较小时，对于系统动态性能的影响是很大的。

第5章　自动控制系统的根轨迹分析

根轨迹分析法适用于线性定常控制系统，是一种利用已知的开环传递函数的极点和零点，求取闭环极点的几何作图法。这种方法可以很方便确定系统的极点，便于从图上分析系统的性能。

5.1　根轨迹概述

5.1.1　根轨迹的基本概念

所谓根轨迹，就是系统开环传递函数中某一参数 K 从 $0\to\infty$ 时，闭环极点（闭环系统特征根）在 s 平面上的变化轨迹。一般取开环根轨迹增益（或开环放大系数）作为可变参数。

为了说明根轨迹的概念，现以二阶系统为例，设控制系统结构图如图5-1所示。

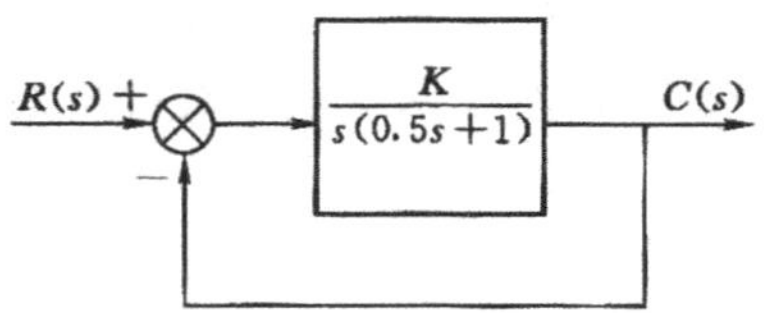

图5-1　二阶系统结构图

系统的开环传递函数为

$$G(s)=\frac{K}{s(0.5s+1)}=\frac{2K}{s(s+2)} \tag{5-1}$$

开环传递函数有 $p_1=0$，$p_2=-2$ 两个极点，没有零点，式中 K 为开环增益。系统的闭环传递函数为

$$\Phi(s)=\frac{C(s)}{R(s)}=\frac{2K}{s^2+2s+2K} \tag{5-2}$$

则系统的闭环特征方程为

$$s^2+2s+2K=0 \tag{5-3}$$

求解方程，可得系统闭环特征方程的根（系统的闭环极点）为

$$s_1=-1+\sqrt{1-2K},s_2=-1-\sqrt{1-2K}$$

特征根 s_1,s_2 随着 K 值的改变而变化。如果开环增益 K 从 $0\to\infty$，可以用解析的方法求出闭环极点的全部数值：

①当 $K=0$ 时，$s_1=0,s_2=-2$，闭环极点与开环极点相同。

以后，用符号"×"表示 $K=0$ 时特征方程的根，即开环极点；用符号"○"表示系统的开环零点。

②当 $0<K<0.5$ 时，两个极点 s_1,s_2 均为负实数极点，且随 K 值的增大，s_1 逐渐减小，s_2 逐渐增大，s_1 从原点开始沿负实轴向左移动，s_2 从（-2,j0）点开始沿负实轴向右移动。

③当 $K=0.5$ 时，$s_1=s_2=-1$，闭环极点均为负实数。

④当 $K=1$ 时，$s_1=-1+\mathrm{j}$，$s_2=-1-\mathrm{j}$，闭环极点的实部相同，位于垂直于实轴的直线上。

⑤当 $K>0.5$ 时，$s_{1,2}=-1\pm\mathrm{j}\sqrt{2K-1}$，特征方程有两个共轭复数根，其实部为$-1$，不随 K 值变化，虚部的数值则随 K 值的增大而增大，复平面上的直线 $s=-2$ 是根轨迹的一部分。s_1 从（-2,j0）点开始沿直线向上移动，s_2 从（-2,j0）点开始沿直线向下移动。

⑥当 $K\to\infty$ 时，$s_1=-1+\mathrm{j}\infty$，$s_2=-1-\mathrm{j}\infty$ 沿上述直线趋于无穷远。

根据以上分析，将全部数值标注在 s 平面上，并连成光滑的粗实线，如图 5-2 所示。

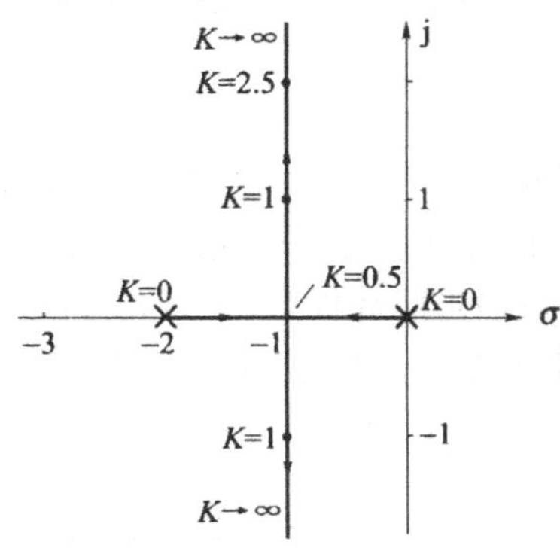

图 5-2　二阶系统的根轨迹图

图 5-2 中，粗实线就称为系统的根轨迹，根轨迹上的箭头表示 K 值的增加，根轨迹的变化趋势，而标注的数值则代表与闭环极点位置相对应的开环增益的数值。

5.1.2 根轨迹与系统性能分析

根轨迹能够直观显示参数和系统闭环特征根分布的关系，因此可以利用根轨迹对系统的各种性能进行分析。下面以图 5-2 为例进行说明。

1. 稳定性

当开环增益 K 从 $0 \to \infty$ 时，图 5-2 上的根轨迹不会越过虚轴进入右半 s 平面，因此，图 5-1 所示系统对所有的 K 值都是稳定的。

如果某一高阶系统的根轨迹如图 5-3 所示，根轨迹越过虚轴进入 s 右半平面了，只有当 $0<K_g<30$ 时，所有根均在 s 左半平面。因此，只有可变参数 K_g 在 0～30 取值时，系统才是稳定的。

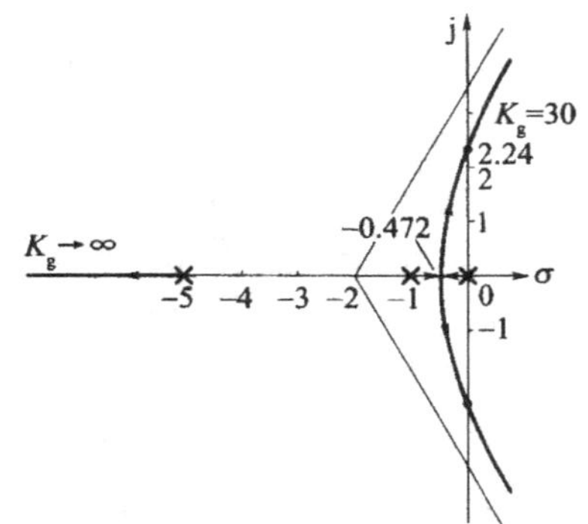

图 5-3 高阶系统的根轨迹

2. 稳态性能

由图 5-2 可见，开环系统在坐标原点有一个极点，所以系统属于Ⅰ型系统，因而根轨迹上的 K 值就是静态速度误差系数。若给定系统的稳态误差要求，则由根轨迹图可以确定闭环极点位置的容许范围。通常情况下，根轨迹图上标注出来的参数不是开环增益，而是所谓的根轨迹增益。

3. 动态性能

由图 5-2 可见，当 $0 < K < 0.5$ 时，两个闭环极点位于实轴上，系统为二阶过阻尼系统，单位阶跃响应为单调上升过程。

当 $K = 0.5$ 时，两个闭环实数极点重合，系统为二阶临界阻尼系统，单位阶跃响应仍为单调上升过程。

当 $K>0.5$ 时，两个闭环极点为共轭复数极点，此时系统为二阶欠阻尼系统，单位阶跃响应为阻尼振荡过程，且超调量将随 K 值的增大而加大，但调节时间不会显著变化。

5.1.3　由根轨迹方程确定闭环极点

由于高阶系统的特征方程求解非常困难，因此，采用解析法绘制根轨迹只适用于较为简单的低阶系统。高阶系统根轨迹的绘制是根据已知的开环零、极点位置，采用图解的方法来实现的。下面给出根轨迹方程。

设控制系统如图 5-4 所示，其闭环传递函数为

$$\Phi(s)=\frac{C(s)}{R(s)}=\frac{G(s)}{1+G(s)H(s)} \tag{5-4}$$

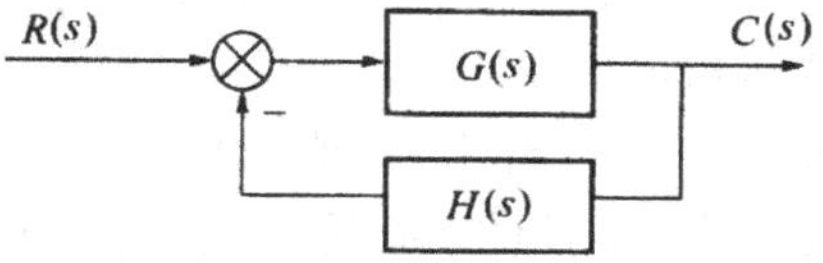

图 5-4　控制系统框图

其开环传递函数可表示为

$$G(s)H(s)=K^*\frac{\prod_{i=1}^{m}(s-z_i)}{\prod_{j=1}^{n}(s-p_j)} \tag{5-5}$$

式中，K^* 为系统根轨迹增益；z_i 为系统开环传递函数零点 $(i=1,2,\cdots,m)$；p_j 为系统开环传递函数极点 $(j=1,2,\cdots,n)$。

闭环系统特征方程为

$$D(s)=1+G(s)H(s)=0 \tag{5-6}$$

或写成

$$G(s)H(s)=-1 \tag{5-7}$$

代入式(5-5)可得

$$K^*\frac{\prod_{i=1}^{m}(s-z_i)}{\prod_{j=1}^{n}(s-p_j)}=-1 \tag{5-8}$$

称式(5-8)为根轨迹方程。

根轨迹方程实质上是一个矢量方程，直接使用很不方便，根据方程(5-8)等号两边的幅值和相角分别相等的条件，可以将根轨迹方程转化为两个绘制根轨迹的基本条件①：

幅值条件为

$$\frac{\prod_{i=1}^{m}|s-z_i|}{\prod_{j=1}^{n}|s-p_j|}=\frac{1}{K^*} \tag{5-9}$$

相角条件为

$$\sum_{i=1}^{m}\angle(s-z_i)-\sum_{j=1}^{n}\angle(s-p_j)=(2k+1)\pi \quad (k=0,\pm1,\pm2,\cdots) \tag{5-10}$$

式(5-9)、式(5-10)是绘制系统根轨迹的依据和出发点。从中可以看出复平面上的某一点 s 如果是根轨迹上的点，那么它与开环零点、极点组成的矢量必满足幅值条件和相角条件。

从式(5-9)和式(5-10)还可看出，幅值条件与 K^* 有关，而相角条件与 K^* 无关，因此，将满足相角条件的 s 值代入幅值条件中，必然有一个 K^* 与之对应。即如果 s 值满足相角条件，必定满足幅值条件。所以，相角条件是决定根轨迹的充要条件，绘制根轨迹时只需满足相角条件就可以，而幅值条件主要用来确定根轨迹上各点对应的增益。

5.2 根轨迹绘制的基本法则研究

完全用试探法通过手工作图来绘制根轨迹十分繁琐费时。为了缩短绘制过程，人们根据幅值条件和相角条件推证出若干绘制根轨迹的法则，以便简捷地求出根轨迹的大致图形。

下面讨论以根轨迹增益 K^* 为可变参量的常规根轨迹的绘制规则。

1. 根轨迹的起点和终点

根轨迹的起点始于开环极点，终止于开环零点。根轨迹的起点是指根轨迹增益 $K^*=0$ 时的根轨迹点，根轨迹的终点是指根轨迹增益 $K^*\to\infty$ 时的根轨迹点。

---

① 王划一，杨西侠. 自动控制原理(第2版). 北京：国防工业出版社，2010.

证明:系统闭环特征方程式为

$$1+K^{*}\frac{\prod_{i=1}^{m}(s-z_i)}{\prod_{j=1}^{n}(s-p_j)}=0$$

$$\prod_{j=1}^{n}(s-p_j)+K^{*}\prod_{i=1}^{m}(s-z_i)=0 \qquad (5\text{-}11)$$

式中,K^{*} 可以从 $0\rightarrow\infty$。当 $K^{*}=0$ 时,有

$$s=p_j \quad (j=1,2,\cdots,n)$$

说明 $K^{*}=0$ 时,闭环特征方程式的根就是开环传递函数 $G(s)H(s)$ 的极点,所以根轨迹必起始于开环极点。

将特征方程式(5-11)改写为

$$\frac{1}{K^{*}}\prod_{j=1}^{n}(s-p_j)+\prod_{i=1}^{m}(s-z_i)=0$$

$K^{*}\rightarrow\infty$ 时,由上式可得

$$s=z_i \quad (i=1,2,\cdots,m)$$

所以根轨迹必终止于开环零点。

在实际系统中,开环传递函数分子多项式阶次 m 小于分母多项式阶次 n,因此有 $(n-m)$ 条根轨迹的终点将在无穷远处。因为

$$K^{*}=\lim_{s\rightarrow\infty}\frac{\prod_{j=1}^{n}(s-p_j)}{\prod_{i=1}^{m}(s-z_i)}=\lim_{s\rightarrow\infty}|s|^{n-m}\rightarrow\infty$$

若把有限数值的零点称为有限零点,而把无限远处的零点称为无限零点,则根轨迹必终止于开环零点。此时,开环传递函数的零、极点数目必是相等的。

2. 根轨迹的分支数、对称性和连续性

根轨迹的分支数与开环有限零点数 m 和有限极点数 n 中的大者相等,它们是连续的并且对称于实轴。

证明:按定义,根轨迹是开环系统某一参数从零变到无穷时,闭环特征方程式的根在 s 平面上的变化轨迹。因此

根轨迹的分支数=闭环特征方程式根的数目

由特征方程(5-11)可见

闭环特征方程根的数目$=\max\{n,m\}$

所以根轨迹的分支数必与开环有限零、极点数中的大者相同。

由于闭环特征方程中的某些系数是根轨迹增益 K^* 的函数，所以当 K^* 从 $0\to\infty$ 连续变换时，特征方程的某些系数也随之而连续变化，因而特征方程式根的变化也必然是连续的，故轨迹具有连续性。

根轨迹必对称于实轴的原因是显然的，因为闭环特征方程式的根只有实根和复根两种，实根位于实轴上，复根必共轭，而根轨迹是根的集合，因此，根轨迹对称于实轴。

根据对称性，只需做出上半 s 平面的根轨迹部分，然后利用对称关系就可以画出下半 s 平面的根轨迹部分。

3. 根轨迹的渐近线

当系统开环有限极点数 n 大于开环有限零点数 m 时，有 $(n-m)$ 条根轨迹分支沿着与实轴交点为 σ_a 、夹角为 φ_a 的一组渐近线趋向于无穷远处，且有

$$\sigma_a = \frac{\sum_{j=1}^{n} p_j - \sum_{i=1}^{m} z_i}{n-m} \tag{5-12}$$

$$\varphi_a = \frac{(2k+1)\pi}{n-m} \quad (k=0,1,\cdots,n-m-1) \tag{5-13}$$

证明：系统的开环传递函数为

$$G(s)H(s) = \frac{K(s-z_1)(s-z_2)\cdots(s-z_m)}{(s-p_1)(s-p_2)\cdots(s-p_n)} \quad (n>m) \tag{5-14}$$

当 $s\to\infty$ 时，式(5-14)可近似为

$$\begin{aligned} G(s)H(s) &= \frac{K}{(s-\sigma_a)^{n-m}} \\ &= \frac{K}{s^{n-m}-(n-m)\sigma_a s^{n-m-1}+\cdots} \end{aligned} \tag{5-15}$$

另外，式(5-14)可写为

$$\begin{aligned} G(s)H(s) &= \frac{K(s-z_1)(s-z_2)\cdots(s-z_m)}{(s-p_1)(s-p_2)\cdots(s-p_n)} \\ &= \frac{K}{s^{n-m}-\left(\sum_{j=1}^{n} p_j - \sum_{i=1}^{m} z_i\right)s^{n-m-1}+\cdots} \end{aligned} \tag{5-16}$$

比较式(5-15)和式(5-16)同幂次的系数相等，得

$$(n-m)\sigma_a = \sum_{j=1}^{n} p_j - \sum_{i=1}^{m} z_i$$

$$\sigma_a = \frac{\sum_{j=1}^{n} p_j - \sum_{i=1}^{m} z_i}{n-m}$$

由根轨迹的相角条件，得

$$(n-m)\varphi_a = (2k+1)\pi$$

$$\varphi_a = \frac{(2k+1)\pi}{n-m}$$

得证。

4. 实轴上的根轨迹段

实轴上根轨迹段位于其右边开环零、极点数目总和为奇数的区域。

证明：设开环零、极点分布图如图 5-5 所示。

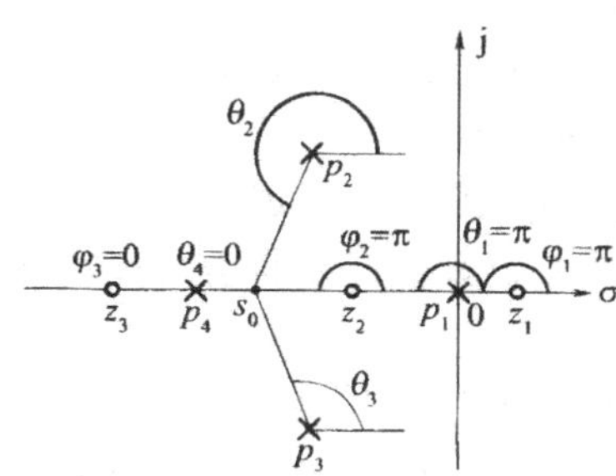

图 5-5　实轴上的根轨迹

图 5-5 中，s_0 是实轴上的某一测试点，由图可见，复数共轭极点到实轴上任意一点(包括 s_0)的矢量相角和为 2π。如果开环系统存在复数共轭零点，情况同样如此。因此，在确定实轴上的根轨迹时，可以不考虑复数开环零、极点的影响。

由图 5-5 还可见，s_0 点左边开环实数零、极点到 s_0 点的矢量相角为 0，而右边开环实数零、极点到 s_0 点的矢量相角均等于 180° 或 π 弧度。如果令 s_0 点之右所有开环实数零点数为 a，所有开环实数极点数为 b，那么 s_0 点位于根轨迹上，则使下列相角条件成立：

$$\sum_{i=1}^{m}\angle(s_0-z_i)-\sum_{j=1}^{n}\angle(s_0-p_j)=(2k+1)\pi$$

$$a\pi - b\pi = (2k+1)\pi$$

在上述相角条件中，考虑到 π 与 $-\pi$ 代表相同角度，因此，减去 π 角就相当于加上 π 角，于是

$$(a+b)\pi = (2k+1)\pi$$

$$a+b = 2k+1$$

式中，$2k+1$ 为奇数，于是本法则得证。

5. 根轨迹的分离点和会合点

几条根轨迹在 s 平面上的相遇后又分开(或分开后又相遇)的点，称为

根轨迹的分离点(或会合点)。

可以采用以下几种方法求取根轨迹的分离点(或会合点)。

(1)重根法

根轨迹的分离点(或会合点)是系统特征方程的重根,可以采用求重根的方法确定其位置。

设系统的开环传递函数为

$$G(s)H(s)=K^{*}\frac{M(s)}{N(s)}$$

系统的特征方程为

$$K^{*}M(s)+N(s)=0 \tag{5-17}$$

特征方程有重根的条件为

$$K^{*}M'(s)+N'(s)=0 \tag{5-18}$$

分离点(或会合点)为重根,必然同时满足方程式(5-17)和式(5-18),联立求解得

$$N(s)M'(s)-N'(s)M(s)=0 \tag{5-19}$$

根据式(5-19)即可确定分离点(或会合点)的值 d ,d 点所对应的 K^{*} 值为

$$K^{*}=-\frac{N(s)}{M(s)}\bigg|_{s=d} \tag{5-20}$$

(2)极值法

由系统的特征方程组(5-17)求极值得

$$\frac{\mathrm{d}K^{*}}{\mathrm{d}s}=0 \tag{5-21}$$

即可确定分离点(或会合点)的值 d 。

(3)零、极点法

设系统的开环传递函数为

$$G(s)H(s)=K^{*}\frac{\prod_{i=1}^{m}(s-z_i)}{\prod_{j=1}^{n}(s-p_j)}$$

所以闭环特征方程为

$$D(s)=\prod_{j=1}^{n}(s-p_j)+K^{*}\prod_{i=1}^{m}(s-z_i)=0$$

分离点(或会合点)表明特征方程有重根 d ,即满足下列方程:

$$D(s)=\prod_{j=1}^{n}(s-p_j)+K^{*}\prod_{i=1}^{m}(s-z_i)=0 \tag{5-22}$$

$$D'(s)=\frac{\mathrm{d}}{\mathrm{d}s}\prod_{j=1}^{n}(s-p_j)+K^*\frac{\mathrm{d}}{\mathrm{d}s}\prod_{i=1}^{m}(s-z_i)=0 \tag{5-23}$$

由式(5-22)和式(5-23)，得

$$\begin{cases}\dfrac{\dfrac{\mathrm{d}}{\mathrm{d}s}\prod\limits_{j=1}^{n}(s-p_j)}{\prod\limits_{j=1}^{n}(s-p_j)}=\dfrac{\dfrac{\mathrm{d}}{\mathrm{d}s}\prod\limits_{i=1}^{m}(s-z_i)}{\prod\limits_{i=1}^{m}(s-z_i)}\\[2ex] \dfrac{\mathrm{d}\ln\prod\limits_{j=1}^{n}(s-p_j)}{\mathrm{d}s}=\dfrac{\mathrm{d}\ln\prod\limits_{i=1}^{m}(s-z_i)}{\mathrm{d}s}\end{cases} \tag{5-24}$$

由

$$\begin{cases}\ln\prod\limits_{j=1}^{n}(s-p_j)=\sum\limits_{j=1}^{n}\ln(s-p_j)\\ \ln\prod\limits_{i=1}^{m}(s-z_i)=\sum\limits_{i=1}^{m}\ln(s-z_i)\end{cases}$$

得

$$\sum_{j=1}^{n}\frac{\mathrm{d}\ln(s-p_j)}{\mathrm{d}s}=\sum_{i=1}^{m}\frac{\mathrm{d}\ln(s-z_i)}{\mathrm{d}s}$$

$$\sum_{j=1}^{n}\frac{1}{s-p_j}=\sum_{i=1}^{m}\frac{1}{s-z_i} \tag{5-25}$$

由式(5-25)可确定分离点(或会合点)的值 d 。

需要说明的是，采用方程式(5-19)、式(5-21)、式(5-25)确定的是特征方程的重根点，对分离点(或会合点)来说，它只是必要条件而非充分条件，也就是说，它的解不一定是分离点(或会合点)，是否是分离点(或会合点)还要看其他法则。

6. 根轨迹的起始角和终止角

当开环系统的极点和零点位于复平面上时，根轨迹离开开环复数极点处的切线与正实轴的夹角称为根轨迹的起始角，以 θ_{p_j} 标志；根轨迹进入开环复数零点处的切线与正实轴的夹角称为终止角，以 θ_{z_i} 标志。这些角度可按如下关系式求出①：

$$\theta_{p_j}=(2k+1)\pi+\left[\sum_{i=1}^{m}\angle(p_j-z_i)-\sum_{\substack{k=1\\k\neq j}}^{n}\angle(p_j-p_k)\right] \tag{5-26}$$

① 王划一，杨西侠. 自动控制原理(第 2 版). 北京：国防工业出版社，2010.

$$\theta_{z_i} = (2k+1)\pi - \left[\sum_{\substack{k=1\\k\neq i}}^{m}\angle(z_i - z_k) - \sum_{j=1}^{n}\angle(z_i - p_j)\right] \tag{5-27}$$

证明：设开环系统有 m 个有限零点，n 个有限极点。在十分靠近待求起始角的复数极点 p_j 的根轨迹上，取一点 s_1 。由于 s_1 无限接近于复数极点 p_j ，因此，除 p_j 外，s_1 点到其他所有开环零、极点矢量相角都可以用 p_j 到它们的矢量相角来代替，而 s_1 点到 p_j 的矢量相角即为起始角 θ_{p_j} 。根据 s_1 必满足相角条件，应有

$$\sum_{i=1}^{m}\angle(s_1 - z_i) - \sum_{j=1}^{n}\angle(s_1 - p_j) = -(2k+1)\pi$$

$$\angle(s_1 - p_j) = (2k+1)\pi + \left[\sum_{i=1}^{m}\angle(s_1 - z_i) - \sum_{\substack{k=1\\k\neq j}}^{n}\angle(s_1 - p_k)\right]$$

$$\theta_{p_j} = (2k+1)\pi + \left[\sum_{i=1}^{m}\angle(p_j - z_i) - \sum_{\substack{k=1\\k\neq j}}^{n}\angle(p_j - p_k)\right]$$

同理，可证明式(5-27)。

需要说明的是，在根轨迹相角条件中，$(2k+1)\pi$ 与 $-(2k+1)\pi$ 是等价的，所以为了便于计算，上式的右端用了 $-(2k+1)\pi$ 表示。

7. 根轨迹与虚轴的交点

如果根轨迹与虚轴相交，则交点上 K^* 值和 ω 值可令闭环特征方程中的 $s = \mathrm{j}\omega$ ，然后分别令其实部和虚部为零而求得，也可用劳斯稳定判据确定。

证明：

方法 1：令 $s = \mathrm{j}\omega$ ，代入闭环特征方程，得

$$1 + G(\mathrm{j}\omega)H(\mathrm{j}\omega) = 0$$

令上述方程的实部和虚部分别为零，有

$$\begin{cases}\mathrm{Re}[1 + G(\mathrm{j}\omega)H(\mathrm{j}\omega)] = 0\\ \mathrm{Im}[1 + G(\mathrm{j}\omega)H(\mathrm{j}\omega)] = 0\end{cases}$$

利用这种实部方程和虚部方程，不难解出根轨迹与虚轴交点处的 K^* 值和 ω 值。

方法 2：如果根轨迹与虚轴相交，则表示闭环系统存在纯虚根，这意味着 K^* 的数值使闭环系统处于临界稳定状态。因此，令劳斯表第一列中包含 K^* 的项为零，即可确定根轨迹与虚轴交点上的 K^* 值。

此外，因为一对纯虚根是数值相同但符号相异的根，所以利用劳斯表中 s^2 行的系数构成辅助方程，必可解出纯虚根的数值，这一数值就是根轨迹与虚轴交点上的 ω 值。如果根轨迹与正虚轴(或者负虚轴)有一个以上交点，

则应采用劳斯表中幂大于 2 的 s 偶次方行的系数构造辅助方程。

8.根之和

当系统开环传递函数 $G(s)H(s)$ 的分子、分母阶次差$(n-m)$大于等于 2,系统闭环极点之和等于系统开环极点之和[①]。

$$\sum_{j=1}^{n}\lambda_j=-\sum_{j=1}^{n}p_j \quad (n-m\geqslant 2) \tag{5-28}$$

式中,$\lambda_1,\lambda_2,\cdots,\lambda_n$ 为系统的闭环极点(特征根);$p_1,p_2,\cdots,p_n$ 为系统的开环极点。

证明:设系统的开环传递函数为

$$\begin{aligned}G(s)H(s)&=K^*\frac{(s-z_1)(s-z_2)\cdots(s-z_m)}{(s-p_1)(s-p_2)\cdots(s-p_n)}\\&=\frac{K^*s^m+K^*b_{m-1}s^{m-1}+\cdots+K^*b_0}{s^n+a_{n-1}s^{n-1}+\cdots+a_0}\end{aligned}$$

式中,$a_{n-1}=\sum_{j=1}^{n}(-p_j)$ 。

设 $n-m=2$,即 $m=n-2$,闭环系统特征方程为

$$\begin{aligned}D(s)=&(s^n+a_{n-1}s^{n-1}+a_{n-2}s^{n-2}+\cdots+a_0)+\\&(K^*s^m+K^*b_{m-1}s^{m-1}+\cdots+K^*b_0)\\=&s^n+a_{n-1}s^{n-1}+(a_{n-2}+K^*)s^{n-2}+\cdots+(a_0+K^*b_0)\\=&(s-D_1)(s-D_2)\cdots(s-D_n)\end{aligned}$$

另外,根据闭环系统 n 个闭环特征根 $\lambda_1,\lambda_2,\cdots,\lambda_n$,可得闭环系统的特征方程为

$$D(s)=s^n+\sum_{j=1}^{n}(-\lambda_j)s^{n-1}+\cdots+\prod_{j=1}^{n}(-\lambda_j)$$

可见,当 $n-m\geqslant 2$ 时,随着 K^* 的增大,如果一部分极点总体向右移动,则另一部分极点必然总体上向左移动,且左、右移动的距离增量之和为 0。

利用根之和法则可以确定闭环极点的位置,判定分离点所在范围。

综上所述,在已知系统开环极点的情况下,利用上述各条法则,即可方便地绘出系统的粗略根轨迹,即根轨迹的草图。对需准确绘制的根轨迹,可利用幅角方程试探确定若干点,通常来说,靠近虚轴或原点附近的根轨迹对分析系统的性能至关重要,应尽可能准确绘制。

图 5-6 给出了一些常见的开环零、极点分布及其相应的根轨迹,供

---

① 王锁庭,李洪涛.自动控制原理.北京:化学工业出版社,2009.

参考。

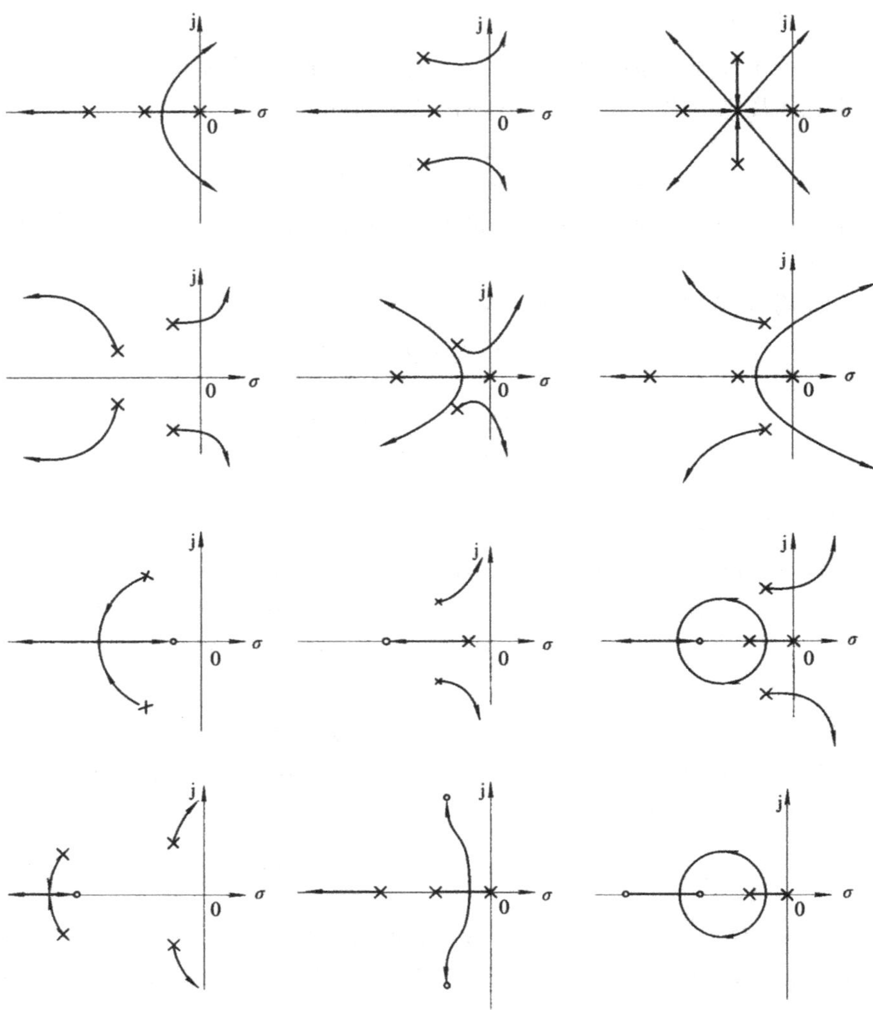

图 5-6　常见开环零、极点分布及其相应的根轨迹图

5.3　广义根轨迹探析

在控制系统中，通常把负反馈系统中 K^* 变化时的根轨迹称为常规根轨迹，而把不是以 K^* 为变量、非负反馈系统的根轨迹称为广义根轨迹。

5.3.1　参数根轨迹

除根轨迹增益 K^* 外，把开环系统的其他参数从零变化到无穷或在某一范围内变化时，闭环系统特征根的轨迹称为参数根轨迹。

用参数根轨迹可以分析系统中的各种参数，如开环零、极点位置，时间常数或反馈参数等对系统性能的影响。

绘制这类参数变化时的根轨迹的方法与前面讨论的法则相同，但在绘制根轨迹之前，要先求出系统的等效开环传递函数。

设系统的开环特征方程为

$$G(s)H(s)=K\frac{M(s)}{N(s)} \tag{5-29}$$

则闭环系统的特征方程为

$$D(s)=1+G(s)H(s)=N(s)KM(s)=0 \tag{5-30}$$

将方程左端展开成多项式，用不含待讨论参数的各项除方程两端，得到

$$1+G_1(s)H_1(s)=1+A\frac{P(s)}{Q(s)}=0 \tag{5-31}$$

式(5-31)中的 $G_1(s)H_1(s)=A\dfrac{P(s)}{Q(s)}$ 即是系统的等效开环传递函数。等效是指系统的特征方程相同意义下的等效。

根据等效开环传递函数 $G_1(s)H_1(s)$ ，按照上节介绍的根轨迹绘制法则，就可绘制出以 A 为变量的参数根轨迹。

需要强调指出的是，等效开环传递函数是从系统的特征方程式得来的，等效的含义仅在于其闭环极点与原系统的闭环传递函数极点相同，而闭环零点通常不同。因此，仅用系统的闭环极点分析系统性能时，等效传递函数是完全可行的，但是零点则必须采用系统原来传递函数的零点。

已知某负反馈系统的开环传递函数为

$$G(s)H(s)=\frac{\frac{1}{4}(s+a)}{s^2(s+1)}$$

试绘制参数 a 从零连续变化到正无穷时，闭环系统的根轨迹。

解：系统的闭环特征方程为

$$D(s)=1+G(s)H(s)=1+\frac{\frac{1}{4}(s+a)}{s^2(s+1)}=0$$

整理得

$$s^3+s^2+\frac{1}{4}s+\frac{1}{4}a=0$$

系统等效开环传递函数为

$$G_1(s)H_1(s)=\frac{\frac{1}{4}a}{s^3+s^2+\frac{1}{4}s}=\frac{0.25a}{s(s^2+s+0.25)}=\frac{0.25}{s(s+0.5)^2}$$

把参数 a 视为常规根轨迹的根轨迹增益，即可按常规根轨迹的绘制方法，绘制出 a 变化时系统的根轨迹。

①等效系统无开环有限零点，开环极点为 $p_1=0, p_2=p_3=-\frac{1}{2}$。

②根轨迹的渐近线：有 3 条渐近线，且 $\sigma_a=-\frac{1}{3}, \varphi_a=\frac{\pi}{3}, \pi, \frac{5\pi}{3}$。

③实轴上的根轨迹段：整个负实轴均为根轨迹。

④根轨迹的分离点：由分离点方程

$$\frac{1}{d}+\frac{1}{d+1/2}+\frac{1}{d+1/2}=0$$

求解得 $d=-\frac{1}{6}$。

⑤根轨迹与虚轴的交点。系统的闭环特征方程可表示为

$$D(s)=4s^3+4s^2+s+a=0$$

劳斯表为

$$\begin{array}{lll} s^3 & 4 & 1 \\ s^2 & 4 & a \\ s^1 & \frac{4-4a}{4} & \\ s^0 & a & \end{array}$$

当 $a=1$ 时，劳斯表中 s^1 行元素全为零。此时辅助方程为

$$4s^2+1=0$$

解得

$$s_{1,2}=\pm \mathrm{j}\,\frac{1}{2}$$

根轨迹与虚轴的交点为 $s_{1,2}=\pm \mathrm{j}\,\dfrac{1}{2}, a=1$ 。

闭环系统的参变量根轨迹如图 5-7 所示，图中箭头指明 a 的增大方向。

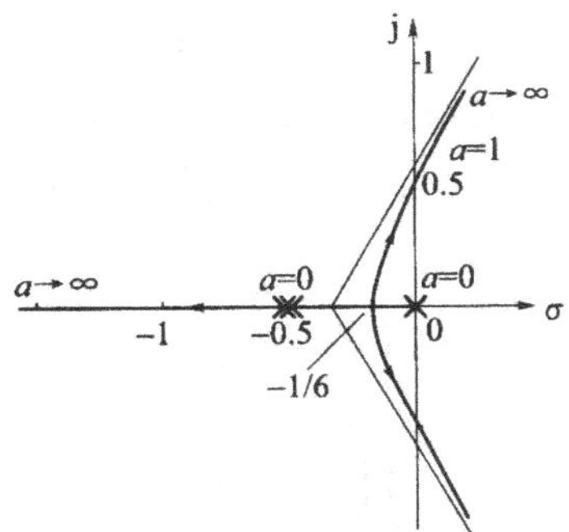

图 5-7　例 5-1 系统的根轨迹

通过上例，可将一般绘制参数根轨迹的步骤归纳如下：

①写出原系统的特征方程。

②以特征方程式中不含参量的各项除特征方程，得等效系统的根轨迹方程，该方程中原系统的参量即为等效系统的根轨迹增益。

③绘制等效系统的根轨迹，即为原系统的参数根轨迹。

5.3.2　零度根轨迹

若所研究的控制系统为非最小相位系统，则有时不能采用常规根轨迹的绘制法则来绘制系统的根轨迹，因为其相角遵循 $0^\circ+2k\pi$ 条件，而不是 $180^\circ+2k\pi$ 条件，故一般称之为零度根轨迹。所谓的非最小相位系统，是指在 s 右半平面具有开环零极点的控制系统。此外，若有必要绘制正反馈系统的根轨迹，则也必然会产生 $0^\circ+2k\pi$ 的相角条件。

零度根轨迹的绘制方法，与常规根轨迹的绘制方法略有不同。以正反馈系统为例，设某个系统结构图如图 5-8 所示。

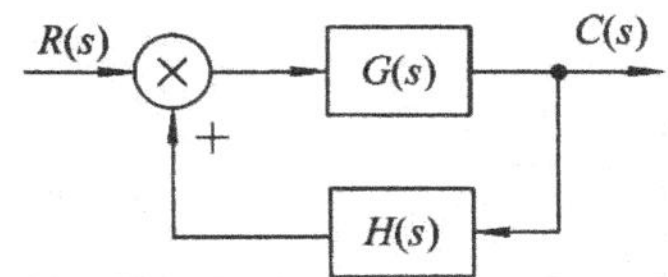

图 5-8　正反馈控制系统结构图

其闭环特征方程为

$$1-G(s)H(s)=0$$

若开环传递函数仍表示为

$$G(s)H(s)=K^*\frac{\prod_{i=1}^{m}(s-z_i)}{\prod_{j=1}^{n}(s-p_j)}$$

则正反馈系统的根轨迹方程为

$$K^*\frac{\prod_{i=1}^{m}(s-z_i)}{\prod_{j=1}^{n}(s-p_j)}=1 \tag{5-32}$$

同样，将方程式(5-32)分成两个方程，从而得到

幅值条件为

$$\frac{\prod_{i=1}^{m}|s-z_i|}{\prod_{j=1}^{n}|s-p_j|}=\frac{1}{K^*} \tag{5-33}$$

相角条件为

$$\sum_{i=1}^{m}\angle(s-z_i)-\sum_{j=1}^{n}\angle(s-p_j)=2k\pi \quad (k\text{ 为整数}) \tag{5-34}$$

此时所绘制的根轨迹就称为零度根轨迹。

与负反馈系统的根轨迹方程相比，可知它们的幅值条件完全相同，仅相角条件有所改变。因此，常规根轨迹的绘制法则，原则上可以应用于零度根轨迹的绘制，但在与相角条件有关的一些法则中，需作适当调整。

绘制零度根轨迹，应调整的绘制法则如下。

①根轨迹的渐近线应改为：当系统开环有限极点数 n 大于开环有限零点数 m 时，有 $(n-m)$ 条根轨迹分支沿着与实轴夹角为 φ_a 、交点为 σ_a 的一组渐近线趋向于无穷远处，且有

$$\varphi_a=\frac{2k\pi}{n-m} \quad (k=0,1,\cdots,n-m-1) \tag{5-35}$$

$$\sigma_a=\frac{\sum_{j=1}^{n}p_j-\sum_{i=1}^{m}z_i}{n-m} \quad (\text{与 }180^\circ\text{ 根轨迹相同}) \tag{5-36}$$

②实轴上的根轨迹段应改为：若实轴上某一区段右侧的开环实数零、极点个数之和为偶数(包括 0)，则该区域为根轨迹段。

③根轨迹的起始角与终止角应改为：

$$\theta_{p_j} = 2k\pi + \left[\sum_{i=1}^{m}\angle(p_j - z_i) - \sum_{\substack{k=1\\k\neq j}}^{n}\angle(p_j - p_k)\right] \tag{5-37}$$

$$\theta_{z_i} = 2k\pi - \left[\sum_{\substack{k=1\\k\neq i}}^{m}\angle(z_i - z_k) - \sum_{j=1}^{n}\angle(z_i - p_j)\right] \tag{5-38}$$

除了上述三个法则外，其他法则保持不变。

设单位正反馈系统的开环传递函数为

$$G(s) = \frac{K^*(s+1)}{(s+2)(s+4)}$$

试绘制系统的概略根轨迹。

解：单位正反馈系统的闭环特征方程为

$$D(s) = 1 - G(s) = 1 - \frac{K^*(s+1)}{(s+2)(s+4)} = 0$$

即系统的根轨迹方程为

$$\frac{K^*(s+1)}{(s+2)(s+4)} = 1$$

系统根轨迹需按零度根轨迹的绘制法则绘制。

系统有两个开环极点 $p_1 = -2, p_2 = -4$，一个开环零点 $z_1 = -1$。

①根轨迹的渐近线：根轨迹有一条渐近线，渐近线与实轴的夹角为

$$\varphi_a = \frac{2k\pi}{n-m} = 0$$

②实轴上的根轨迹段：$[-4,-2]$和$[1,\infty)$是根轨迹。

③根轨迹的分离点：在$(-4,-2)$和$(1,\infty)$的实轴段上存在分离点。分离点的坐标 d 满足如下方程式：

$$\frac{1}{d+2} + \frac{1}{d+4} = \frac{1}{d+1}$$

解得

$$d_{1,2} = -1 \pm \sqrt{3}$$

d_1 和 d_2 均为实轴根轨迹上的点，是根轨迹的分离点。

④根轨迹与虚轴的交点：系统的闭环特征方程可整理为

$$(s+2)(s+4) - K^*(s+1) = 0$$

即

$$s^2 + (6 - K^*)s + 8 - K^* = 0$$

令系统的闭环特征方程式中的 $s = \mathrm{j}\omega$，得

$$(\mathrm{j}\omega)^2 + (6 - K^*)(\mathrm{j}\omega) + 8 - K^* = 0$$

令实部和虚部分别为零，得

$$\begin{cases} -\omega^2 + 8 - K^* = 0 \\ 6 - K^* = 0 \end{cases}$$

解得

$$\omega = \pm 1.414, K^* = 6$$

根据以上几点，可绘制出系统根轨迹如图 5-9 所示。

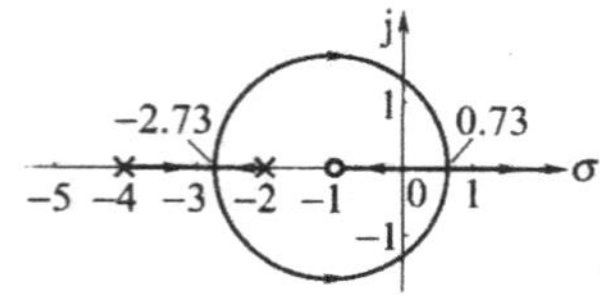

图 5-9　例 5-2 系统的根轨迹

为了对比，图 5-1 给出了一些开环传递函数零、极点相同的常规根轨迹和零度根轨迹。

表 5-1　常规根轨迹与零度根轨迹的对比

负反馈系统根轨迹	正反馈系统根轨迹
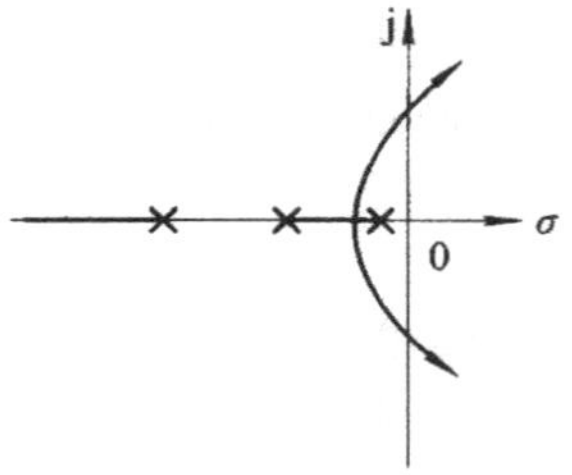	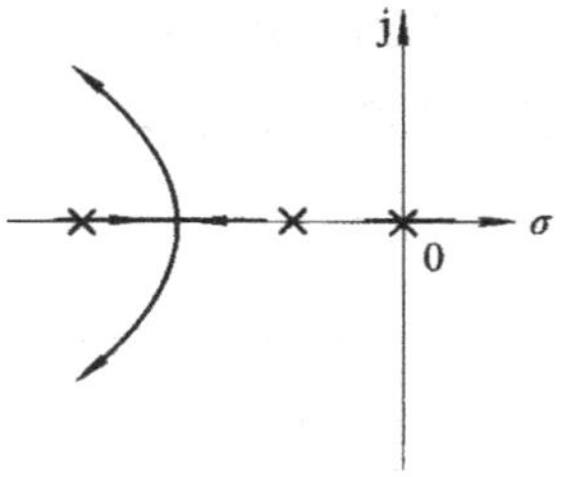
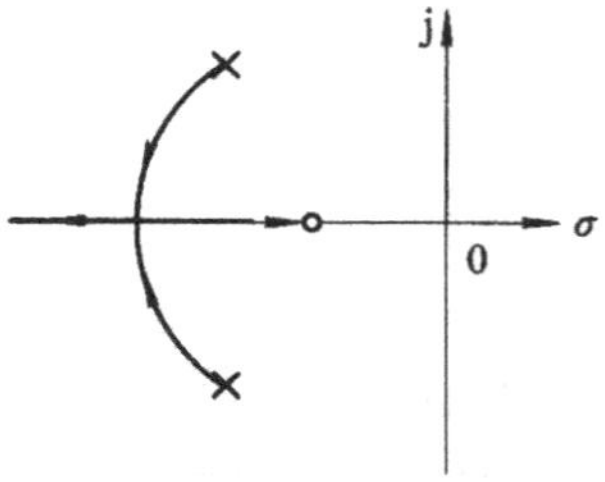	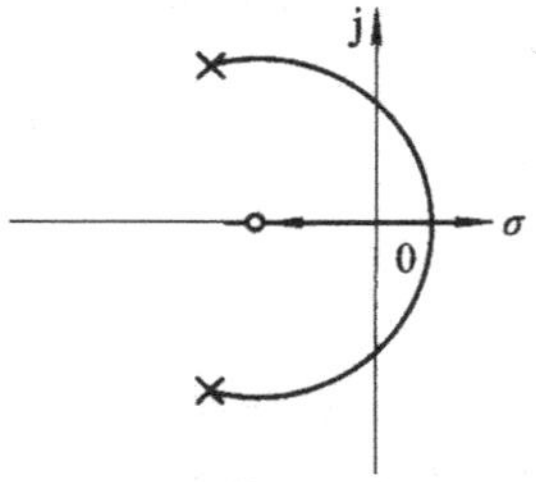
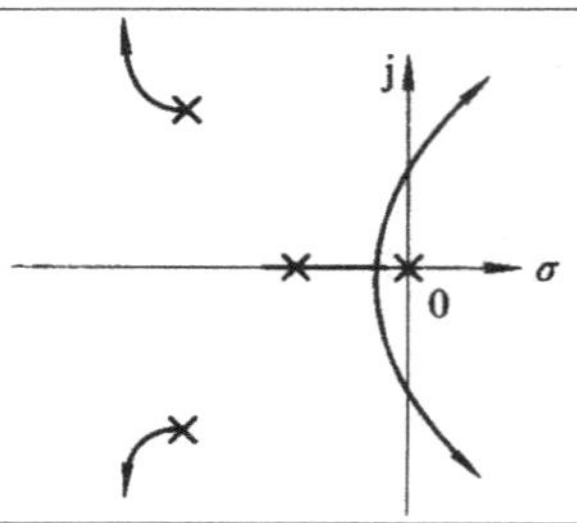	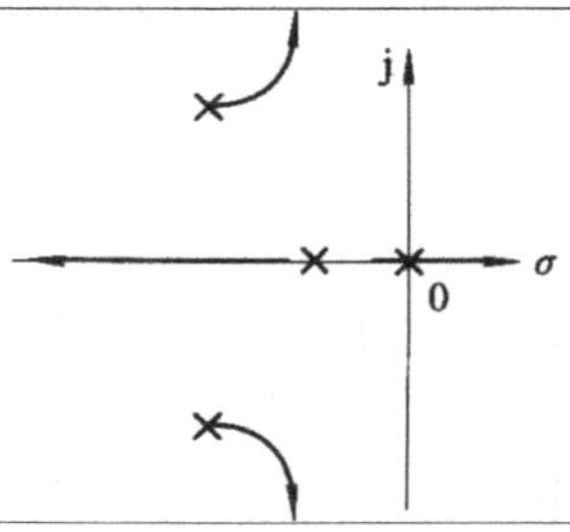

续表

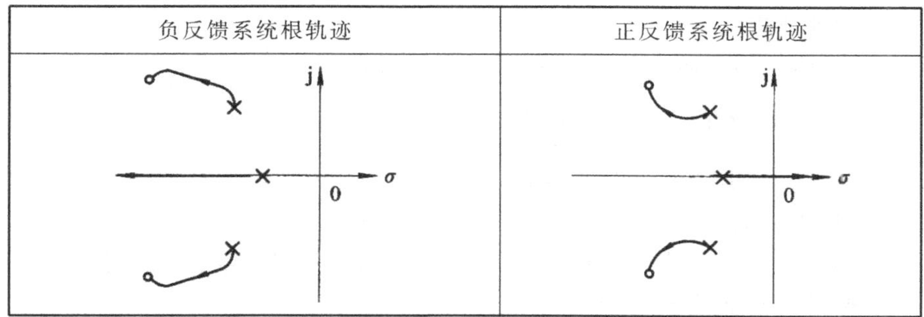

5.4　系统性能的定量估算及定性分析

5.4.1　利用主导极点估算系统的性能指标

在系统的闭环极点中，离虚轴最近且附近又无零点的闭环极点，对系统的动态过程起主导作用，称之为主导极点。通常情况下，离虚轴最近的含义是，其他的闭环零、极点的实部比主导极点实部大 3～6 倍。

系统闭环零、极点的分布直接影响到其动态过程的性能，在估算系统动态性能时，对高阶系统的近似处理尤为关键。由于主导极点在动态过程中起主要作用，因此，计算系统的性能指标时，在一定的条件下，就可以只考虑主导极点所对应的动态分量，忽略其余的动态分量，将高阶系统近似看作一阶或二阶系统来处理。

例如，某单位反馈系统的闭环传递函数为 $\Phi(s)=\dfrac{15.35(s+6.25)}{(s^2+2s+2)(s+6)(s+8)}$，在分析其动态性能时，可以找出系统由一对共轭极点（$-1+\mathrm{j}$）与（$-1-\mathrm{j}$），它离虚轴的距离比其他极点离虚轴距离的 1/5 还小，同时该共轭极点附近又不存在闭环零点，所以该共轭极点为主导极点。由此，可将该闭环系统近似看成闭环传递函数为 $\Phi(s)=\dfrac{15.35}{s^2+2s+2}$ 的二阶系统进行分析计算。

已知某单位反馈系统的开环传递函数为

$$G(s)=\frac{K}{s(s+1)(0.5s+1)}$$

试应用根轨迹分析系统的稳定性，并计算闭环主导极点具有 $\xi=0.5$ 阻尼比时的性能指标。

解：将开环传递函数写成零、极点形式，得

$$G(s)=\frac{2K}{s(s+1)(s+2)}=\frac{K^*}{s(s+1)(s+2)}$$

式中，$K^*=2K$ 为根轨迹增益。

(1)绘制根轨迹图。该系统有 3 个开环极点：$p_1=0, p_2=-1, p_3=-2$，这 3 个开环极点即为根轨迹的起点；系统没有开环零点。将系统开环极点标于 s 平面，如图 5-10 所示。

根轨迹绘制如下：

①根轨迹的渐近线：渐近线与与实轴的交点为

$$\sigma_a=\frac{\sum_{j=1}^{n}p_j-\sum_{i=1}^{m}z_i}{n-m}=\frac{-1-2}{3-0}=-1$$

渐近线与实轴正方向的夹角为

$$\varphi_a=\frac{(2k+1)\pi}{n-m}=60^\circ, -60^\circ, 180^\circ$$

②实轴上的根轨迹段：[0，−1)，(−2，−∞)区段存在极轨迹。

③根轨迹的分离点：分离点的坐标 d 满足如下方程式：

$$\frac{1}{d}+\frac{1}{d+1}+\frac{1}{d+2}=0$$

解得

$$d_1=-0.423, d_2=-1.58(\text{不在根轨迹上，舍去})$$

与虚轴的交点将 $s=j\omega$ 代入特征方程 $D(s)=s^3+3s^2+2s+K^*=0$，得

$$D(j\omega)=(j\omega)^3+3(j\omega)^2+2(j\omega)+K^*=0$$

$$(-3\omega^2+K^*)+j(-\omega^3+2\omega)=0$$

令实部与虚部分别为零，则有

$$\begin{cases}-3\omega^2+K^*=0\\-\omega^3+2\omega=0\end{cases}$$

解得

$$\omega_1=0,\quad \omega_{2,3}=\pm 1.414$$

$$K^*=6,\quad K=3$$

画出根轨迹如图 5-10 所示。

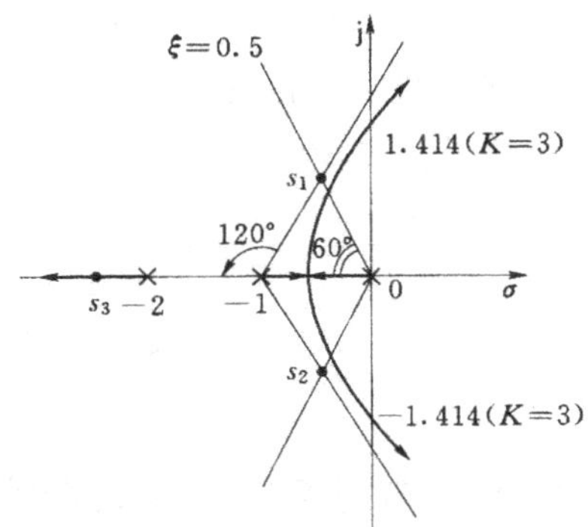

图 5-10　例 5-3 根轨迹图

(2)分析系统稳定性。当开环增益 $K>3$ 时，有两条根轨迹分支进入 s 右半平面，系统变为不稳定的。使系统稳定的开环增益的允许调整范围是：$0<K<3$。

(3)根据对阻尼比的要求，确定闭环主导极点 s_1、s_2 的位置。要求 $\xi=0.5$，那么 $\arccos\xi=\arccos0.5=60°$，称为 $\xi=0.5$ 的阻尼线。在图 5-10 中画出阻尼线，并量得

$$s_{1,2}=-0.33\pm j0.57$$

欲确定 s_1、s_2 是一对主导极点，必须找出同一 K 值下的第三个闭环极点，并确定其实部与 s_1、s_2 的实部相差 6 倍以上。

s_1 点处的 K 值，可由 $s=-0.33+j0.57$ 代入到幅值条件中求得

$$|s(s+1)(s+2)|_{s=-0.33+j0.57}=2K$$

$$|-0.33+j0.57|\times|-0.33+j0.57+1|\times|-0.33+j0.57+2|=2K$$

解得

$$K=0.516$$

在 $K=0.516$ 时，三个闭环极点分别是 s_1，s_2 和 s_3，其中 $s_{1,2}=-0.33\pm j0.57$，s_3 待求。求 s_3 时，相当于一个三次方程，知道了两个根，求第三个根。特征方程

$$s(s+1)(s+2)+2K=s^3+3s^2+2s+2K=0$$

由 $s_{1,2}=-0.33\pm j0.57$ 和根之和法则得

$$s_1+s_2+s_3=-3$$

由此求出第三个闭环极点 $s_3=-2.34$。s_3 距虚轴的距离 2.34 是 $s_{1,2}$ 距虚轴距离 0.33 的 7 倍以上，因此，可以确认 $s_{1,2}$ 是主导极点，即可只根据 $s_{1,2}$ 来估算系统的性能指标。这时，系统近似为二阶系统，可用相应的性能指标计算公式得

$$\sigma\% = e^{-\xi\pi/\sqrt{1-\xi^2}}\big|_{\xi=0.5} = 16.3\%$$

又由图 5-10 知，二阶系统闭环极点的位置为

$$s_{1,2} = -\xi\omega_n + j\omega_n\sqrt{\xi^2 - 1} = -0.33 \pm j0.57$$

$$\omega_n = \frac{0.33}{\xi}\big|_{\xi=0.5} = 0.66$$

$$t_s = \frac{3}{\xi\omega_n} = 9.1\text{s}$$

5.4.2 开环零极点分布对系统性能的影响研究

开环零、极点的分布决定着系统根轨迹的形状。如果系统的性能不尽人意，可以通过调整控制器的结构和参数，改变相应的开环零、极点分布，调整根轨迹的形状，改善系统的性能。

1.增加开环零点对根轨迹的影响

增加开环零点，对系统根轨迹有以下影响：

①改变了根轨迹在实轴上的分布。

②改变了渐近线的条数、倾角和分离点。

③如果增加的开环零点和某个极点重合或距离很近，构成开环偶极子，则两者相互抵消(偶极子是指一对靠得很近的闭环零、极点)。因此，可加入一个零点来抵消有损于系统性能的极点。

④根轨迹曲线将向左移，有利于改善系统的动态性能。

2.增加开环极点对根轨迹的影响

增加一个开环极点，对系统根轨迹有以下影响：

①改变了根轨迹在实轴上的分布。

②改变了根轨迹的分支数。

③改变了渐近线的条数、倾角和分离点。

④根轨迹曲线将向右移，不利于改善系统的动态性能。

已知某系统开环传递函数为

$$G(s)H(s) = \frac{K}{s(s+1)}$$

如果给此系统增加一个开环零点($z = -2$)，或增加一个开环极点($p = -2$)，试分别讨论对系统根轨迹和系统动态性能的影响。

解：依据根轨迹的绘制法则，分别绘制出根轨迹，如图 5-11(a)、(b)、(c)所示。

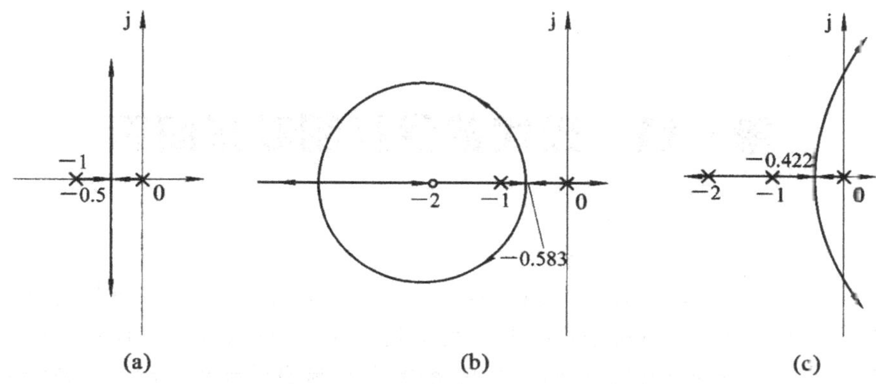

图 5-11　增加开环零、极点对根轨迹的影响

图 5-11 中，图(a)为原系统 $G(s)H(s)=\dfrac{K^*}{s(s+1)}$ 的根轨迹；图(b)为增加零点后 $G(s)H(s)=\dfrac{K^*(s+2)}{s(s+1)}$ 的根轨迹；图(c)为增加极点后 $G(s)H(s)=\dfrac{K^*}{s(s+1)(s+2)}$ 的根轨迹。

从图 5-11 中可以看出，增加零点使分离点和根轨迹都向左移；增加极点使根轨迹的分离点和根轨迹都向右移。

对于原二阶系统，当 K 从零变到无穷大时，系统总是稳定的。增加开环零点后，当 K 从零变到无穷大时，所有的闭环极点都在 s 左半平面，系统总是稳定的。而且随着 K 的增大，闭环极点由两个负实数变为共轭复数，再变为两个负实数，相对稳定性比原系统更好。在相同 K 值的情况下，对应的阻尼比 ξ 值更大(最小的阻尼比 $\xi=0.707$)，因此系统的超调量变小，调整时间变短，动态性能提高。

增加开环极点后，K 达到一定程度时，有两条根轨迹进入 s 平面右半部，系统变为不稳定系统。在同样的 K 值情况下，对应的阻尼比 ξ 值更小，也就是说系统的超调量变大，调整时间变长，振荡也更剧烈。因此，增加开环极点对系统动态性能不利。

由此例可知，增加开环零点可改善系统的动态性能。在设计系统时，常用此方法进行校正。

第 6 章　现代数字控制技术研究

数控技术(Numerical Control,NC)是一种借助数字、字符或其他符号对某一工作过程进行可编程控制的自动化方法,简称数控。数控技术综合运用了微电子、计算机、自动控制、精密检测、机械设计和机械制造等技术的最新成果,通过程序来实现设备运动过程和先后顺序的自动控制,位移和相对坐标的自动控制,速度、转速及各种辅助功能的自动控制。

6.1　数控机床概述

用数控技术实现自动控制的机床称为数控机床。也就是说,用数字化的代码将零件加工过程中所需的各种操作和步骤以及刀具加工轨迹等信息记录在程序介质上,送入数控系统进行译码、运算及处理,控制机床的刀具与工件的相对运动,加工出所需要的工件的机床即为数控机床。

6.1.1　数控机床的工作原理

用数控机床加工零件时,首先根据零件图的要求编写出数控加工程序,将加工程序输入数控系统后,数控系统对数据进行运算和处理,向主轴驱动电动机和控制各进给轴的伺服装置发出指令。伺服装置接受指令后向各进给轴(X 轴、Y 轴和 Z 轴等)的进给伺服电机发出电脉冲信号。主轴驱动电动机带动刀具或工件旋转,进给伺服电机带动滚珠丝杠旋转,使机床的工作台(或主轴箱)沿各进给轴运动,实现刀具对零件的切削加工。

数控机床运动的实质是应用了“微分”原理。其工作原理与过程可以简要描述如下(图 6-1):

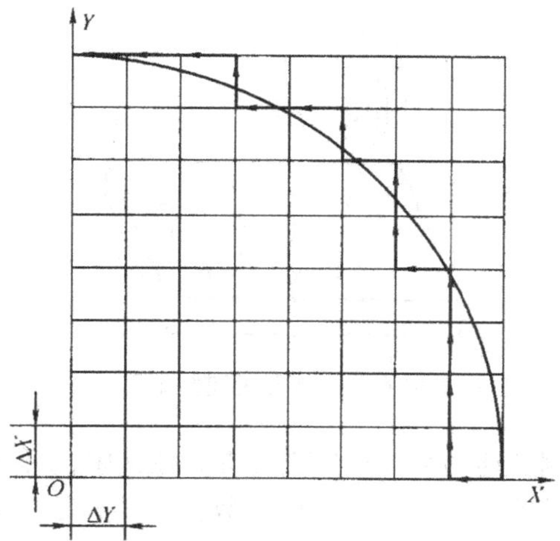

图 6-1　数控加工原理

①数控装置根据加工程序要求的刀具轨迹，将轨迹按机床对应的坐标轴以最小移动量(脉冲当量)进行微分(图 6-1 中的 ΔX、ΔY)，并计算出各轴需要移动的脉冲数。

②通过数控装置的插补软件或插补运算器把要求的轨迹以“最小移动单位”为单位的等效折线进行拟合，并找出最接近理论轨迹的拟合折线。

③数控装置根据拟合折线的轨迹给相应的坐标轴连续不断地分配进给脉冲，并通过伺服驱动使机床坐标轴按分配的脉冲运动。一个进给脉冲使机床进给运动部件移动的最小位移量称为脉冲当量。

6.1.2　数控机床的分类方法

数控机床品种规格繁多，对数控机床的分类方法较多，但定义明确、分类较确切的一般有以下几种分类方法。

1. 按运动轨迹分类

(1)点位控制数控机床

这类机床仅能实现刀具相对于工件从一点到另一点的精确定位运动，对点与点之间的运动轨迹不做控制要求，在运动过程中不进行任何加工，各坐标轴之间的运动是不相关联的，可以同时移动，也可以依次运动。为了实现快速精确的定位，两点间的移动一般是先快速移动，然后慢速趋近定位点，以确保定位精度，如图 6-2 所示。

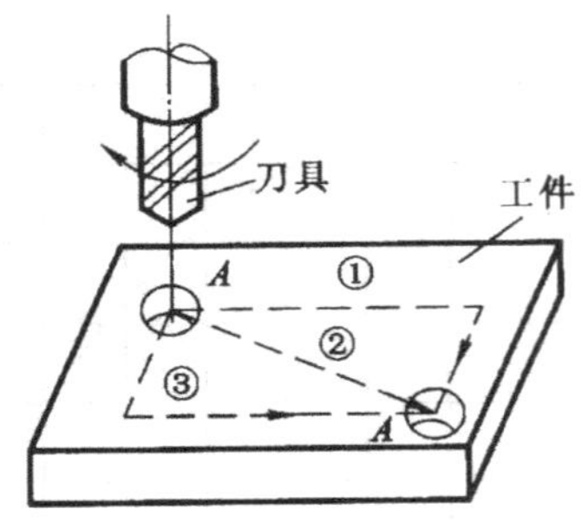

图 6-2　点位控制加工

具有点位控制功能的数控机床主要有数控钻床、坐标镗床、数控冲床和数控测量机等。随着数控技术的发展和数控系统价格的降低，单纯采用点位控制的数控系统已不多见。

(2)直线控制数控机床

直线控制的数控机床也称为平行控制数控机床，其特点是除了控制点与点之间的准确定位外，还要控制两相关点之间的移动速度和路线(轨迹)，但其运动路线只是与机床坐标轴平行和与坐标轴成45°方向，在移位的过程中刀具能以指定的进给速度进行切削，一般只能加工矩形、台阶形零件，如图6-3所示。

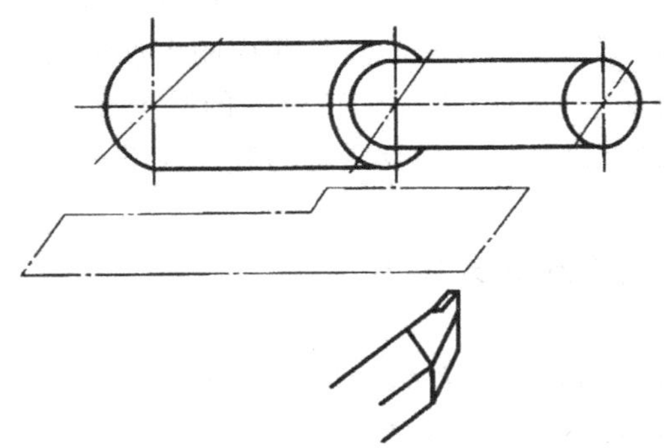

图 6-3　直线控制加工

具有直线控制功能的机床主要有比较简单的数控车床、数控铣床及数控磨床等。这种机床的数控系统也称为直线控制数控系统。单纯用于直线控制的数控机床也不多见。

(3)轮廓控制数控机床

轮廓控制数控机床也称为连续控制数控机床，能同时控制两个或两个以上坐标轴联动，使工件相对于刀具按程序规定的轨迹和速度运动，在运动过程中进行连续切削加工。这就要求数控装置必须具有插补运算功能，控制各坐标轴的联动位移量与要求的轮廓相符合。

具有连续控制功能的数控机床有数控车床、数控铣床、数控线切割机床、加工中心等。

2.按伺服驱动的特点分类

(1)开环控制数控机床

无位置反馈装置的数控机床称为开环控制数控机床。使用步进电机(包括电液脉冲马达)作为伺服执行元件，是其最明显的特点。

在开环控制数控机床中，数控装置输出的脉冲，经过步进驱动器的环形分配器或脉冲分配软件的处理，并通过驱动电路进行功率放大，最终控制了步进电机的角位移。步进电机再经过减速装置(或直接连接)带动了丝杠旋转，通过丝杠将角位移转换为移动部件的直线位移。因此，控制步进电机的转角与转速，就可以间接控制移动部件的移动速度与位移量。图6-4(a)为开环数控机床伺服驱动部分的结构原理图。

开环控制数控机床结构简单，制造成本较低，但是，由于系统对移动部件的实际位移量不进行检测，因此无法通过反馈自动进行误差检测和校正。另外，步进电机的步距角误差、齿轮与丝杠等部件的传动误差，最终都将影响被加工零件的精度，特别是在负载转矩超过电动机输出转矩时，将导致步进电机的"失步"，使加工无法进行。因此，开环控制仅适用于加工精度要求不很高，负载较轻且变化不大的简易、经济型数控机床上。

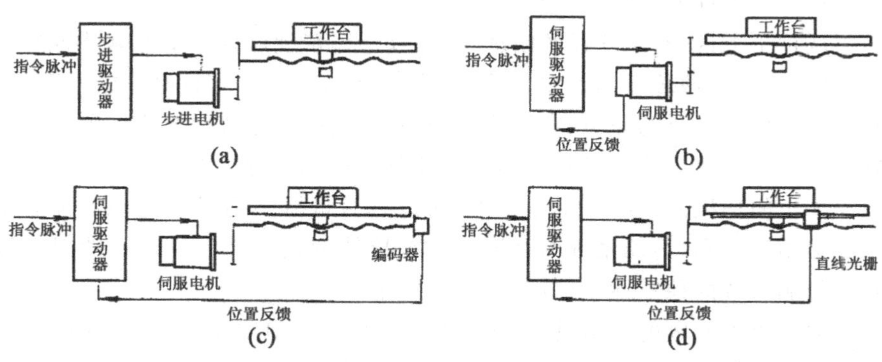

图6-4　伺服驱动结构示意图

(2)半闭环控制数控机床

半闭环控制数控机床的特点是：机床的传动丝杠或伺服电机上装有角位移检测装置(如光电编码器等)，通过它检测丝杠的转角，从而间接地检测了移动部件的位移。角位移信号被反馈到数控装置或伺服驱动中，实现了从数控装置到电动机输出转角间的闭环自动调节。

同样，由于伺服电机和丝杠相连，通过丝杠将旋转运动转换为移动部件的直线位移，因此，间接控制了移动部件的移动速度与位移量。这种结构，只对电动机或丝杠的角位移进行了闭环控制，没有实现对最终输出的直线位移的闭环控制，故称为“半闭环控制”。

半闭环控制的数控机床，电气控制与机械传动间有明显的分界，因此调试较方便；且机械部分的间隙、摩擦死区、刚度等非线性环节都在闭环以外，因此系统的稳定性较好。

伺服电机和光电编码器通常做成一体，电动机和丝杠间可以直接联接或通过减速装置联接；位置检测单位和实际最小移动单位间的匹配，可以通过数控系统的参数(称为“电子齿轮比”)进行设置。它具有设计方便、传动系统简单、结构紧凑、制造成本低、性能价格比高等特点，从而在数控机床上得到了广泛应用。

图 6-4(b)、(c)为半闭环控制数控机床伺服驱动部分的结构原理图。其中，图 6-4(b)为伺服电机内装编码器的情况，图 6-4(c)为编码器安装于丝杠上的情况。

(3)闭环控制数控机床

闭环控制数控机床的特点是：机床移动部件上直接安装直线位移检测装置，检测装置检测最终位移输出量。实际位移值被反馈到数控装置或伺服驱动中，它可以直接与输入的指令位移值进行比较，用误差进行控制，最终实现移动部件的精确运动和定位。

从理论上说，对于这样的闭环系统，其运动精度仅取决于检测装置的检测精度，它与机械传动的误差无关，显然，其精度将高于半闭环系统。而且，它可以对传动系统的间隙、磨损能自动补偿，其精度保持性要比半闭环系统好得多。图 6-4(d)为闭环控制数控机床伺服驱动部分的结构原理图。

由于闭环控制系统的工作特点，所以它对机械结构以及传动系统的要求比半闭环更高，传动系统的刚度、间隙、导轨的爬行等各种非线性因素将直接影响系统的稳定性，严重时甚至产生振荡。

解决以上问题的最佳途径是采用直线电动机作为驱动系统的执行元件。采用直线电动机驱动，可以完全取消传动系统中将旋转运动变为直线运动的环节，大大简化机械传动系统的结构，实现了所谓的“零传动”。它从根本上消除传动环节对精度、刚度、快速性、稳定性的影响，故可以获得比传统进给驱动系统更高的定位精度、快进速度和加速度。

3. 按控制的联动轴数分类

(1)二轴联动

二轴联动主要用于数控车床加工旋转曲面或数控铣床加工曲线柱面，如图 6-5 所示。

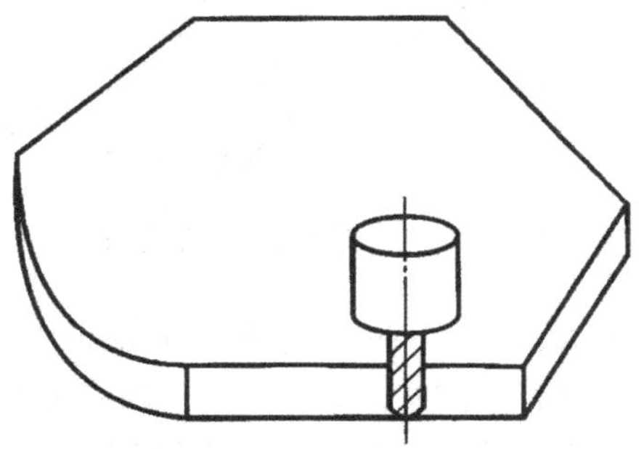

图 6-5　二轴联动加工示意

(2)二轴半联动

二轴半联动主要用于三轴以上机床的控制，其中任意两根轴联动，第三根轴作周期性进给。图 6-6 为采用这种方式用行切法加工三维空间曲面。

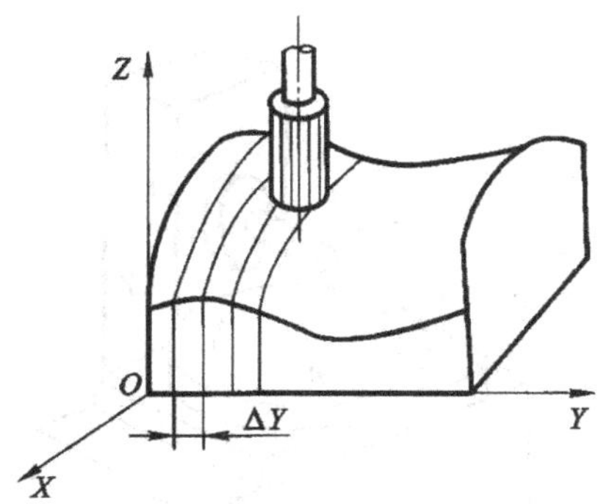

图 6-6　二轴半联动加工示意

(3)三轴联动

三轴联动一般分两类：

①X、Y、Z 三个直线坐标轴联动，比较多的用于数控铣床、加工中心等，图 6-7 为用球头铣刀铣切三维空间曲面。

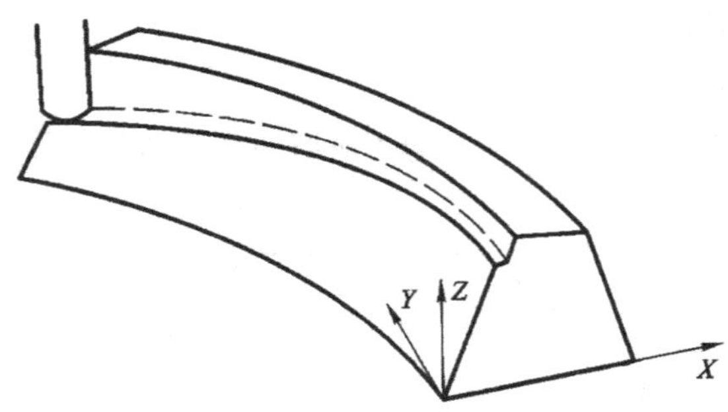

图 6-7 三轴联动加工示意

②除了同时控制 X、Y、Z 中两个直线轴外，还同时控制绕某一直线坐标轴旋转的旋转坐标轴，如车削加工中心，除了实现纵向（Z 轴）、横向（X 轴）两个直线坐标轴的联动外，还需同时控制绕 Z 轴旋转的主轴（C 轴）联动。

（4）四轴联动

四轴联动同时控制 X、Y、Z 三个直线坐标轴与某一旋转坐标轴联动，图 6-8 为同时控制 X、Y、Z 三个直线坐标轴与一个工作台回转轴联动的加工中心。

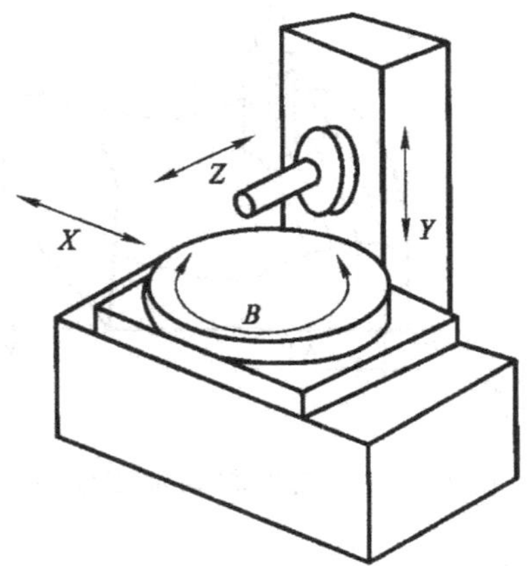

图 6-8 四轴联动的加工中心

（5）五轴联动

除同时控制 X、Y、Z 三根直线坐标轴联动外，还同时控制围绕这些直线坐标轴旋转的 X、Y、Z 坐标轴中的两根坐标轴，形成同时控制五根轴联动。这时刀具可以被定在空间的任意方向，如图 6-9 所示。

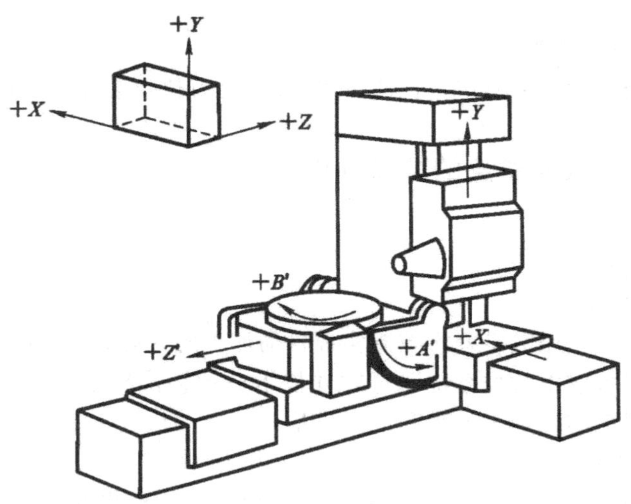

图 6-9 五轴联动的加工中心

例如,控制刀具同时绕 X 轴和 Y 轴两个方向摆动,使得刀具在其切削点上始终保持与被加工的轮廓曲面成法线方向,以保证被加工曲面的光滑性,提高其加工精度和加工效率,减小被加工表面的表面粗糙度值。

4. 按加工工艺用途分类

(1)切削加工类

采用车、铣、镗、磨、刨、齿轮加工等各种切削工艺的数控机床。它又可分为以下两类:

①普通数控机床。普通数控机床是指加工用途、加工工艺相对单一的数控机床。按加工用途可以分为数控车床、数控铣床、数控镗床、数控钻床、数控磨床和数控齿轮加工机床等。

②加工中心。加工中心是带有刀库和自动换刀装置的数控机床。工件经一次装夹后,通过自动更换各种刀具,在同一台机床上对工件各加工表面连续进行铣(车)、镗、铰、钻、攻螺纹等多种工序的加工,如镗/铣类加工中心、车削中心、钻削中心等。

(2)成形加工类

采用挤、冲、压、拉等成形工艺的数控机床。常用的有数控压力机、数控折弯机、数控弯管机、数控旋压机等。

(3)特种加工类

特种加工类是指数控线切割机、数控电火花成形机、数控火焰切割机和数控激光加工机等。

(4)测量绘图类

测量绘图类主要有三坐标测量机、数控对刀仪及数控绘图仪等。

6.1.3 数控机床的特点分析

1. 数控机床的优点

(1)高质量

数控加工是用数字程序控制实现自动加工的，排除了人为误差因素，且加工误差还可以由数控系统通过软件技术进行补偿校正。因此，采用数控加工可以提高零件加工精度和产品质量。

(2)高效率

与采用普通机床加工相比，采用数控加工一般可提高生产率2～3倍，在加工复杂零件时生产率可提高十几倍甚至几十倍。特别是五面体加工中心和柔性制造单元等设备，零件一次装夹后能完成几乎所有表面的加工，不仅可消除多次装夹引起的定位误差，还可大大减少加工辅助操作，使加工效率进一步提高。

(3)高柔性

只需改变零件程序即可适应不同品种的零件加工，且几乎不需要制造专用工装夹具，因而加工柔性好，有利于缩短产品的研制与生产周期，适应多品种、中小批量的现代生产需要。

(4)具有复杂形状加工能力

复杂形状零件在飞机、汽车、造船、模具、动力设备和国防军工等制造部门具有重要地位，其加工质量直接影响整机产品的性能。数控加工运动的任意可控性使其能完成普通加工方法难以完成或者无法进行的复杂型面加工。

(5)减轻劳动强度

改善劳动条件数控加工是按事先编好的程序自动完成的，操作者不需要进行繁重的重复手工操作，劳动强度和紧张程度大为改善，劳动条件也相应得到改善。

(6)有利于生产管理

数控加工可大大提高生产率、稳定加工质量、缩短加工周期且易于在工厂或车间实行计算机管理。数控加工技术的应用，使机械加工的大量前期准备工作与机械加工过程联为一体，使零件的计算机辅助设计(CAD)、计算机辅助工艺规划(CAPP)和计算机辅助制造(CAM)的一体化成为现实，易于实现现代化的生产管理。

2. 数控机床的缺点

数控机床价格昂贵，维修较难。数控机床是一种高度自动化的机床，必须配有数控装置或电子计算机；因机床加工精度受切削用量大、连续加工发热多等影响，使其设计要求比通用机床更严格，制造要求更精密，因此数控机床的制造成本较高。

此外，由于数控机床的控制系统比较复杂，一些元件、部件精密度较高以及一些进口机床的技术开发受到条件的限制，所以对数控机床的调试和维修都比较困难。

6.2　数控加工的计算机控制系统

计算机数控（Computerized Numerical Control，CNC）是用计算机实现数控所需的所有运算、控制功能和其他辅助功能的方法。

6.2.1　计算机数控系统的组成

计算机数控（CNC）系统主要由硬件和软件两部分组成。通过系统软件和硬件之间的配合，合理地组织、管理数据信息的输入、处理、运算和输出，控制执行单元，使机床按照给定的要求对工件进行加工。

计算机数控（CNC）系统结构组成如图 6-10 所示，主要由计算机数控（CNC）装置、输入/输出（I/O）设备、可编程控制器（PLC）等部分组成。

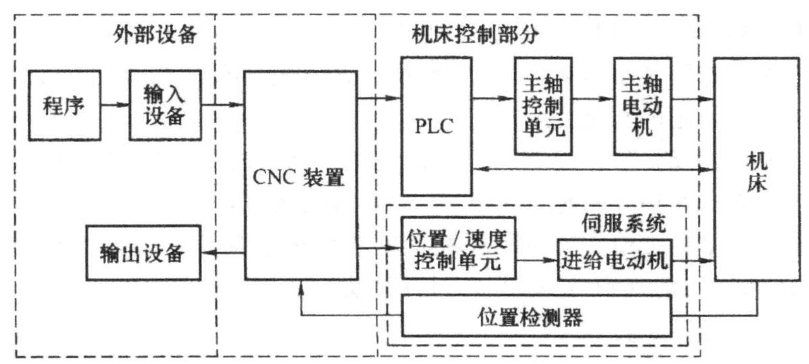

图 6-10　计算机数控系统结构组成

6.2.2 计算机数控系统的工作原理

CNC 装置的工作过程是在硬件支持下执行软件的全过程。下面从输入、译码、刀具补偿、进给速度处理、位置控制、I/O 处理、显示和诊断来说明计算机数控系统的工作原理。

1. 输入

输入 CNC 装置的有零件程序、控制参数和补偿数据。输入形式有光电阅读机纸带输入、键盘输入、磁盘输入、通信接口输入及连接上级计算机的 DNC(直接数控)接口输入。从 CNC 装置工作方式看,有存储工作方式和 NC 工作方式输入:

①存储工作方式。存储工作方式是将加工的零件程序一次全部输入到 CNC 装置内部存储器中,加工时再从存储器把一个个程序段调出。

②NC 工作方式。NC 工作方式是指 CNC 装置一边输入一边加工,即在前一个程序段正在加工时,输入后一个程序段内容。

通常在输入过程中 CNC 装置还要完成无效码删除、代码校验和代码转换等工作。

2. 译码

不论系统工作在 NC 方式还是存储器方式,译码处理都是将零件程序以一个程序段为单位进行处理,把其中的各种零件轮廓信息、加工速度信息和其他辅助信息按照一定的语法规则解释成计算机能够识别的数据形式,并以一定的数据格式放在指定的内存专用区间。在译码过程中,还要完成对程序段的语法检查,若发现语法错误便立即报警。

3. 刀具补偿

刀具补偿包括刀具长度补偿和刀具半径补偿。CNC 装置的零件程序是以零件轮廓轨迹来编程,刀具补偿的作用是把零件轮廓轨迹的数据转换成刀具中心轨迹的数据。

①刀具长度补偿。刀具长度补偿是指刀具长度与编程时估计的长度有出入时或刀具磨损导致加工不到位,这时需改变刀具库中的刀具长度。

②刀具半径补偿。刀具半径补偿的工作还包括程序段间的转接(即尖角过渡)和过切削判别,这称为 C 刀具补偿。

4. 进给速度处理

编程所给的刀具移动速度,是在各坐标的合成方向上的速度。速度处理首先要根据合成速度来计算各运动坐标方向的分速度。另外,对于机床允许的最低速度和最高速度的限制及在某些CNC装置中，软件的自动加减速也在此处理。进给速度与加工精度、表面粗糙度和生产率有密切的关系。

5. 位置控制

位置控制的主要任务是在每个采样周期内，将插补计算出的理论位置与工作台实际位置相比较，用其差值去控制进给电机。这是因为计算机数控系统是个闭环系统，闭环系统是靠差值来驱动的。

在位置控制中，通常还要完成位置回路的增益调整、各坐标方向的螺距误差补偿和反向间隙补偿，通过软件来弥补硬件的误差，以提高机床的定位精度。

6. 输入输出处理

输入输出处理主要是处理CNC装置和机床之间来往信号的输入输出控制。

7. 显示

数控系统显示主要是为操作者提供方便，通常应有零件程序的显示、参数显示、刀具位置显示、机床状态显示、报警显示等。高档CNC装置中还有刀具加工轨迹静态和动态图形显示，以及在线编程时的图形显示等。

8. 诊断

现代CNC装置都具有联机和脱机诊断的能力。

①联机诊断。联机诊断是指CNC装置中的自诊断程序，这种自诊断程序融合在各个部分，随时检查不正常的事件。

②脱机诊断。脱机诊断是指系统运转条件下的诊断。脱机诊断还可以采用远程通信方式进行，即所谓的远程诊断，把用户CNC通过电话线与远程通信诊断中心的计算机连接，由诊断中心计算机对CNC装置进行诊断、故障定位和修复。

6.2.3　计算机数控系统的硬件结构

计算机数控系统的控制功能在很大程度上取决于硬件结构，按照控制功能的复杂程度，计算机数控系统的硬件结构可分为单微处理器结构和多微处理器结构两大类。

1. 单微处理器CNC装置

单微处理器结构的CNC装置只有一个微处理器，因此多采用集中控制、分时处理的方式完成数控的各项任务。有的计算机数控虽然有两个或两个以上的微处理器，但其中只有一个微处理器能够控制系统总线，而其他微处理器不能控制总线，不能访问主存储器，只能作为一个智能部件工作，各微处理器组成主从结构。这种 CNC 装置也属于单微处理器结构。

图 6-11 所示为典型的单微处理器 CNC 装置组成框图。

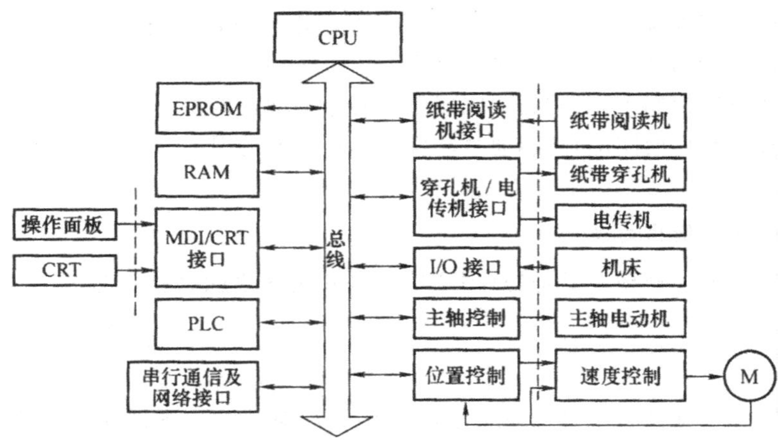

图 6-11　单微处理器 CNC 装置组成框图

单微处理器硬件结构因为只有一个微处理器集中控制，为了提高处理速度，满足对实时性要求较高的插补计算等应用，增强数控功能，可以增加协处理器或由硬件完成一部分插补工作（精插补）或采用带微处理器的 PLC、CRT 等智能部件。

2. 多微处理器 CNC 装置

在多微处理器结构的 CNC 装置中，有两个或两个以上的微处理器，一般采用两种结构形式：紧耦合和松耦合。

①紧耦合。紧耦合是指两个或两个以上的 CPU 构成的各功能模块之间的相关性强，有集中的操作系统，共享资源。

②松耦合。松耦合是指两个或两个以上的 CPU 构成的各功能模块之间的相关性弱或具有相对的独立性，有多重操作系统实现并行处理。

(1)多微处理器 CNC 装置的典型结构

多微处理器 CNC 装置各模块间的互连和通信主要采用共享总线和共享存储器两类结构。

①共享总线结构。共享总线的多微处理器结构将各功能模块插在配有总线插座的机柜内，由系统总线把各个模块有效地连接在一起，按照要求交

换各种控制指令和数据，实现各种预定的功能。

在共享总线的结构中，挂在总线上的功能模块分为带有 CPU 的主模块和不带 CPU 的从模块。只有主模块才有权控制使用总线，而且某一时刻只能由一个主模块占有总线。共享总线结构如图 6-12 所示。

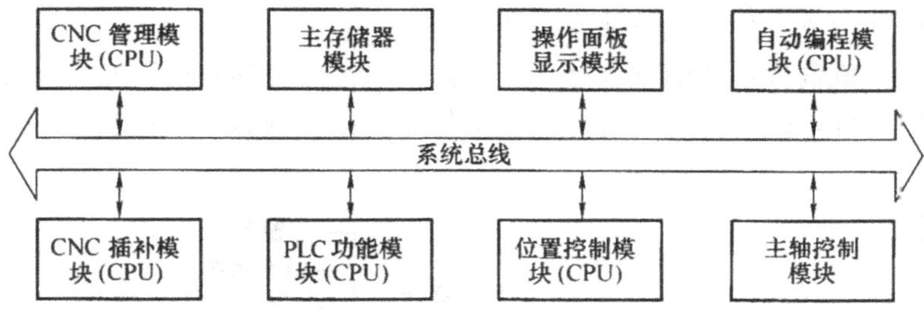

图 6-12　共享总线结构

在共享总线结构中，当有多个主模块同时请求总线时，必须解决总线使用的竞争问题，因此必须要有仲裁机构判别出其优先权的高低。

共享总线结构系统配置灵活、结构简单、易于实现，因此被广泛采用。该结构的缺点是由于各主模块在使用总线时会引起“竞争”而使信息传输效率降低，总线一旦出现故障会影响整个系统。

②共享存储器结构。共享存储器结构通常采用多端口存储器实现各微处理器间的互连和通信，每个端口都配有数据、地址、控制线，由多端控制逻辑电路解决访问冲突，其结构如图 6-13 所示。

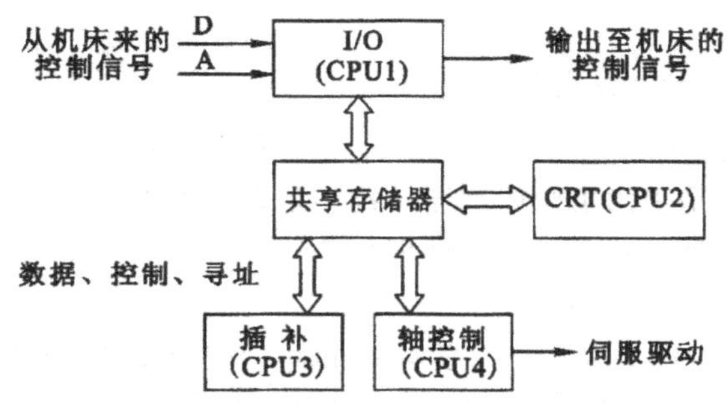

图 6-13　共享存储器结构

(2)多微处理器 CNC 装置的优点

与单微处理器 CNC 装置相比，多微处理器 CNC 装置具有多个微处理器并行工作，系统的运算和实时处理的能力大大增强，使系统具有良好的可靠性、适应性和扩展性，可满足机床多轴、多功能、高速、高精度的控制要求，现代 CNC 装置多采用此结构。

6.2.4 计算机数控系统的软件结构

1. 计算机数控系统软件的组成

计算机数控系统的软件是为完成数控系统的各项功能而专门设计的一种专用软件，又称为系统软件（或系统程序），由管理软件和控制软件两部分组成，如图 6-14 所示。

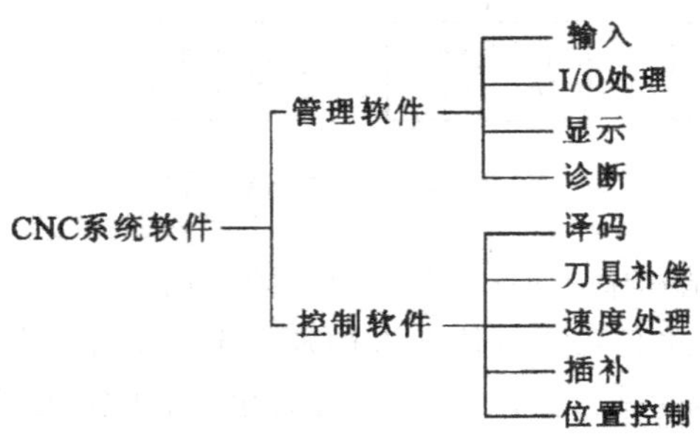

图 6-14 CNC 系统软件的组成

不同的数控系统，其系统软件在结构和规模上差别较大，不同厂家的系统软件互不兼容。为满足制造业不断发展的需要，大多数数控系统厂商多用相对较少且标准化程度较高的硬件，配以功能丰富且可不断升级的软件模块。

2. 计算机数控系统的软件特点

计算机数控系统是一个专用的实时多任务系统。计算机数控系统软件，无论其硬件是采用单微处理器结构还是多微处理器结构，都具有两个特点：多任务并行处理和实时中断处理。

（1）多任务并行处理

①CNC 装置的多任务性。数控加工时，为了保证控制的连续性和各任务执行的时序配合要求，CNC 装置管理和控制的某些工作必须同时进行，而不能逐一处理，这就是“多任务性”。例如，为了保证加工过程的连续性，即刀具在各程序段之间不停刀，译码、刀具补偿和速度处理模块必须与插补模块同时运行，而插补又必须与位置控制同时进行。

②并行处理。并行处理是指计算机在同一时刻或同一时间间隔内完成两种或两种以上性质相同或不相同的工作，这样可大幅度提高运算处理速度，也有利于合理使用和调配计算机数控系统的资源。如图 6-15 所示为

CNC装置各功能模块之间的并行处理关系，具有并行处理的两模块之间用双向箭头表示。

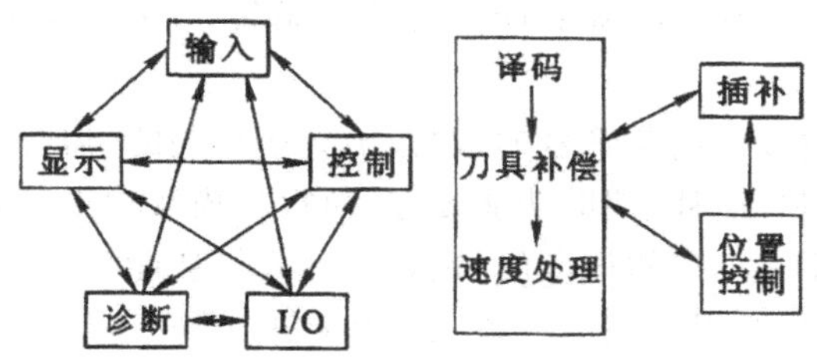

图 6-15 并行处理关系

并行处理的方法主要有资源重复、资源分时共享、资源重叠流水处理等。目前，计算机数控系统硬件设计中多采用资源重复的并行处理方法，而计算机数控系统的软件设计中则多采用资源分时共享和时间重叠流水处理方法。

(2)实时中断处理

实时性使任务的执行有严格的时间要求，即任务必须在规定时间内完成或响应，否则将导致执行结果错误或系统故障。

为了满足计算机数控系统实时任务的要求，系统的调度机制必须具有能根据外界的实时信息以足够快的速度进行任务调度的能力，这就决定了中断成为整个计算机数控系统中必不可少的重要组成部分。

所谓中断是计算机响应外部事件的一种处理技术，特点是能按任务的重要程度和轻重缓急对其进行响应，而CPU也不必为其消耗过多的时间。计算机数控系统的中断类型有以下几种：

①外部中断。主要包括外部监控中断(如急停)、键盘和操作面板输入中断等。

②内部定时中断。主要有插补周期定时中断和位置采样定时中断。在有些系统中，这两种定时合二为一。

③硬件故障中断。它是各种硬件故障检测装置发生的中断，如存储器出错、定时器出错、插补运算超时等。

④程序性中断。它是程序中出现各种异常情况的报警中断，如各种溢出、清零等。

3. 计算机数控系统软件的结构模式

计算机数控系统软件的结构模式是指系统软件的组织管理方式，即任务的划分方式、任务调度机制、任务间的信息交换机制和系统集成方法。

常见的计算机数控系统软件的结构模式主要有前后台型软件结构和中

断型软件结构①。

(1)前后台型软件结构

对于前后台型软件结构的计算机数控系统,可把各功能模块划分为以下两类:

①与机床位置控制及信号输入/输出直接相关的,需要实时处理的功能模块,如位置控制、插补、辅助功能处理、面板扫描及输出等,构成前台程序。

②实时性要求不强的如译码、预处理计算等功能模块,构成后台程序或称为背景程序,主要用于完成准备工作和管理工作。

前后台型软件结构的计算机数控系统控制软件结构简单,但其前台程序最大运行时间将直接影响计算机数控系统性能。由于位置伺服与插补程序的执行频率受整个前台程序运行时间限制,所以要求计算机数控系统的CPU具有很高的运算速度。前后台型软件结构适合于采用集中控制的单微处理器计算机数控系统。

(2)中断型软件结构

对于中断型结构的计算机数控系统软件,其特点是没有前后台之分,除初始化程序外,根据各功能模块实时要求不同将各功能模块安排成不同优先级别的中断程序,整个控制软件构成一个中断系统。

6.3 数控机床的伺服系统研究

数控机床的伺服系统是以机床移动部件的位置和速度为直接控制目标的自动控制系统,也可称为位置随动系统,简称为伺服系统。

数控机床的伺服驱动系统作为一种实现切削刀具与工件间相对运动的进给驱动和执行机构,是数控机床的一个重要组成部分,它在很大程度上决定了数控机床的性能。因此,随着数控机床的发展,研究和开发高性能的伺服驱动系统,一直是现代数控机床研究的关键技术之一。

6.3.1 数控机床伺服系统概述

1.数控机床对伺服系统的要求

随着生产水平的提高和数控技术的发展,数控机床对伺服系统提出了

① 周文玉,杜国臣,赵先仲,李伟.数控加工技术.北京:高等教育出版社,2010.

很高的要求。这些要求包括如下几个方面。

(1)精度高

数控机床不可能像传统机床那样用手动操作来调整和补偿各种误差,因此,它要求很高的定位精度和重复定位精度。所谓精度是指伺服系统的输出量跟随输入量的精确程度。脉冲当量越小,机床的精度越高。一般脉冲当量为0.01～0.001mm。

(2)稳定性高

稳定性是指系统在给定输入或外界干扰作用下,能在短暂的调节过程后,达到新的或者恢复到原来的平衡状态。它直接影响数控加工的精度和表面粗糙度。

(3)快速响应并无超调

位置伺服系统要有良好的快速响应特性,即要求跟踪指令信号的响应要快。这就对伺服系统的动态性能提出两方面的要求。一般要求电机速度由零到最大,或从最大减少到零,时间应控制在200ms以下,甚至少于几十毫秒,且速度变化时不应有超调。另一方面当负载突变时,过渡过程前沿要陡,恢复时间要短,且无震荡,这样才能得到光滑的加工表面。

(4)调速范围宽

要求伺服电机有很宽的调速范围和优良的调速特性,不仅要满足低速切削的要求,如5mm/min,还要能满足高速进给的要求,如1000mm/min,甚至更大的范围。

(5)低速大转矩

进给坐标的伺服控制属于恒转矩控制,在整个速度范围内都要保持恒定转矩。主轴坐标的伺服控制在低速时为恒转矩控制,能提供较大转矩;在高速时为恒功率控制,具有足够大的输出功率。

(6)惯量匹配

移动部件加速和减速时都有较大的惯量,由于要求系统的快速响应性能较好,因而电动机的惯量必须要与移动部件的惯量匹配。通常要求电动机的惯量不小于移动部件惯量的三分之一。

(7)较强的过载能力

由于电动机加减速时要求有很快的响应速度,从而使电动机可能在过载条件下工作,这就要求电动机有较强的抗过载能力。通常要求在数分钟内过载4～6倍而不损坏。

2. 数控机床伺服系统的组成

数控机床伺服系统的一般结构如图6-16所示。它是一个双闭环系统,内环是速度环,外环是位置环。

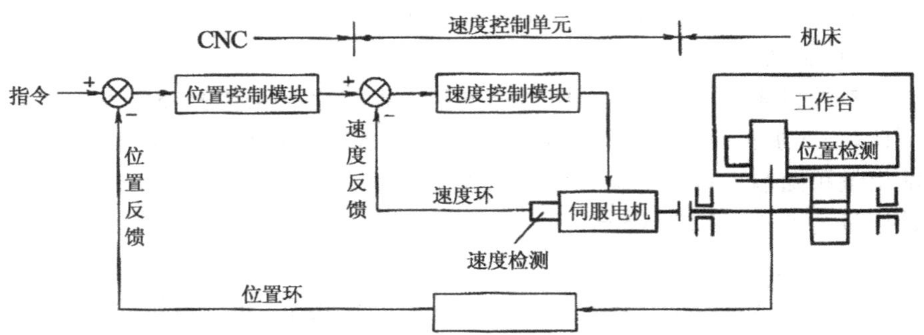

图 6-16　伺服系统的结构图

(1)速度环

速度环中用做速度反馈的检测装置为测速发电机、脉冲编码器等。速度控制单元是一个独立的单元部件,它由速度调节器、电流调节器及功率驱动放大器等各部分组成。

(2)位置环

位置环是由 CNC 装置中的位置控制模块速度控制单元、位置检测及反馈控制等各部分组成。位置控制主要是对机床运动坐标轴进行控制。轴控制是要求很高的位置控制,不仅对单个轴的运动速度和位置精度的控制有严格要求,而且在多轴联动时,还要求各移动轴有很好的动态配合,才能保证加工效率、加工精度和表面相糙度。

3. 数控机床伺服系统的分类

(1)按调节理论分类

①开环伺服系统。开环伺服系统没有位置测量装置,信号流是单向的,故系统稳定性好。无位置反馈,精度相对闭环系统来讲不高,其精度主要取决于伺服驱动系统和机械传动机构的性能和精度,如图 6-17 所示。

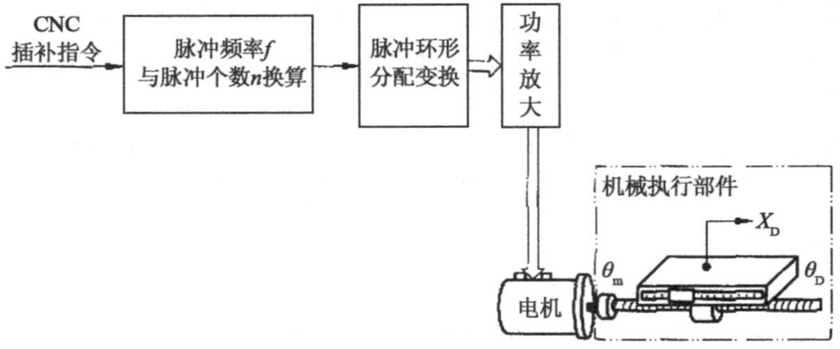

图 6-17　开环伺服系统

开环伺服系统一般以功率步进电机作为伺服驱动元件。这类系统具有结构简单、工作稳定、调试方便、维修简单、价格低廉等优点，在精度和速度要求不高、驱动力矩不大的场合得到广泛应用。一般用于经济型数控机床。

②闭环伺服系统。闭环伺服系统的位置采样点如图 6-18 皆对运动部件的实际位置进行检测。

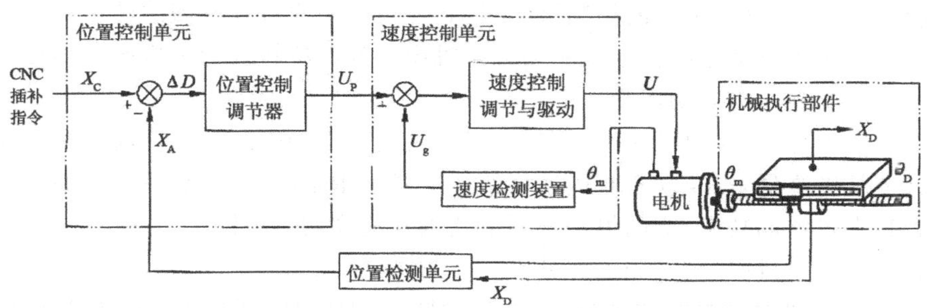

图 6-18　环伺服系统

从理论上讲，可以消除整个驱动和传动环节的误差、间隙和失动量，具有很高的位置控制精度。由于位置环内的许多机械传动环节的摩擦特性、刚性和间隙都是非线性的，故很容易造成系统的不稳定，使闭环系统的设计、安装和调试都相当困难。该系统主要用于精度要求很高的镗铣床、精密车床、精密磨床以及较大型的数控机床等。

③半闭环伺服系统。半闭环伺服系统的位置采样点如图 6-19 从驱动装置(常用伺服电机)或丝杠引出，通过采样旋转角度进行检测，间接检测运动部件的实际位置。

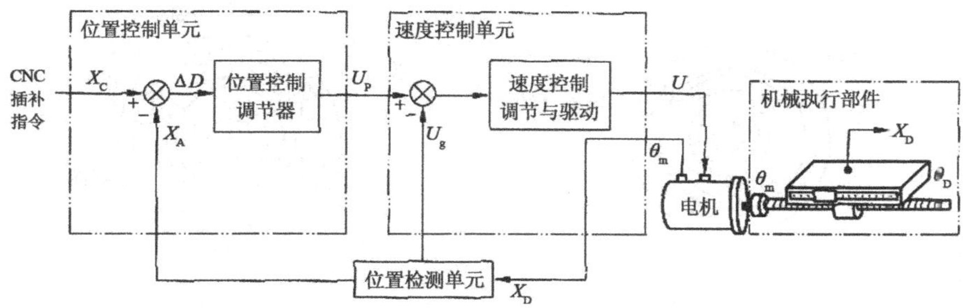

图 6-19　半闭环伺服系统

半闭环环路内不包括或只包括少量机械传动环节，因此可获得稳定的控制性能，其系统的稳定性虽不如开环系统，但比闭环要好。由于丝杠的螺距误差和齿轮间隙引起的运动误差难以消除；因此，其精度较闭环差，较开环好。但可对这类误差进行补偿，故仍可获得满意的精度。半闭环数控系统结构简单、调试方便、精度也较高，因而在现代计算机数控机床中得到了广泛应用。

(2)按被控对象分类

①进给驱动系统。进给驱动用于数控机床工作台或刀架坐标的控制系统，控制机床各坐标轴的切削进给运动，并提供切削过程所需的转矩。

②主轴驱动系统。主轴驱动控制机床主轴的旋转运动为机床主轴提供驱动功率和所需的切削力。

一般地，对于进给驱动系统，主要关心它的转矩大小、调节范围大小和调节精度高低，以及动态响应速度快慢。对于主轴驱动系统，主要关心其是否具有足够的功率、宽的恒功率调节范围及速度调节范围。

(3)按反馈比较控制方式分类

按反馈比较控制方式分类，可分为脉冲、数字比较伺服系统、相位比较伺服系统、幅值比较伺服系统和全数字伺服系统。

(4)按伺服电机类型分类

按伺服电机类型分类，可分为直流电机伺服系统、交流电机伺服系统和进步电机伺服系统。

6.3.2 直流电机伺服系统

1. 直流伺服电机的工作原理

直流伺服电机由定子、转子、电刷与换向片组成，如图 6-20 所示。

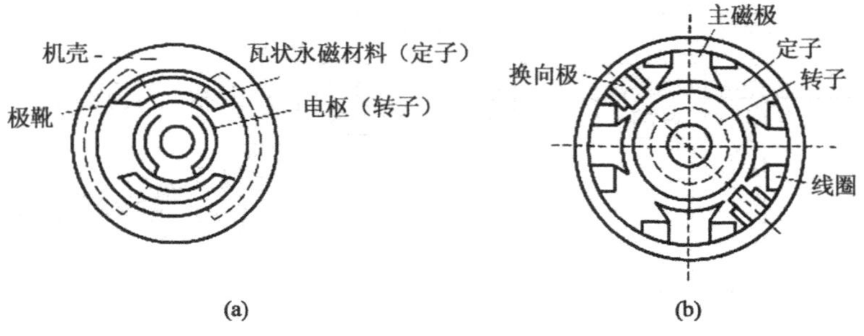

图 6-20 直流伺服电机结构

其中图 6-20(a)为永磁直流伺服电机的结构，6-20(b)为直流主轴电机结构。

①定子。定子磁场由定子的磁极产生。根据产生磁场的方式，直流伺

服电机可分为永磁式和他激式。永磁式磁极由永磁材料制成，他激式磁极由冲压硅钢片叠压而成，外绕线圈，通以恒定直流电流便产生恒定磁场。

②转子。转子又称电枢，由硅钢片叠压而成，表面嵌有线圈，通以直流电时，在定子磁场作用下便产生能带负载旋转的电磁转矩。

③电刷与换向片。电刷与换向片为使所产生的电磁转矩保持恒定方向，转子能沿固定方向均匀的连续旋转，电刷与外加直流电源相接，换向片与电枢导体相接。如图6-21所示。

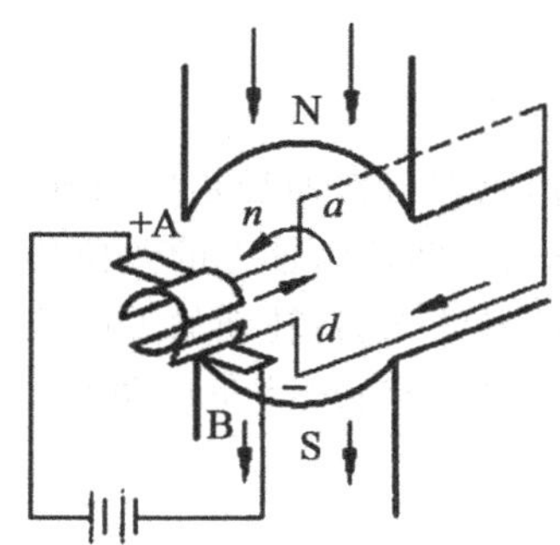

图6-21　直流伺服电机的工作原理

2. 直流伺服电机的分类

直流伺服电机分为高速直流伺服电机和低速大转矩宽调速电机。

(1)高速直流伺服电机

20世纪60年代中期出现了永磁式直流伺服电机。由于其尺寸小、质量轻、效率高、结构简单、无需励磁等优点而越来越被重视。然而，普通伺服电机在低速性能和动态指标上还不能令人满意。因此在20世纪60年代末出现了两种高性能的小惯量高速直流伺服电机，即小惯量无槽电枢直流伺服电机和空心杯电枢直流伺服电机。

(2)低速大转矩宽调速电机

低速大转矩宽调速电机是在过去军用低速力矩电动机经验的基础上发展起来的一种新型电机。近年来，在高精度数控机床和工业机器人伺服系统中获得了越来越广泛的应用。

3. 直流伺服电机的驱动

直流伺服电机常用的功率驱动元件是晶闸管和功率晶体管。速度调节主要用调节加在电枢上的电压大小的方法来实现。电机换向可通过改变电枢电流的方向或励磁电流的方向来实现。由于励磁回路的时间常数很大，如果采用改变励磁电流方向实现换向，必然使控制系统的响应变差。因此，这种换向方式在机床伺服控制系统中很少采用。

直流伺服驱动系统一般有晶闸管调速驱动系统和大功率晶体管脉宽调制(PWM)调速驱动系统两种。由于晶体管的开关响应特性远比晶闸管好，后者的伺服驱动特性要比前者好得多。随着大功率晶体管制造工艺的成熟，目前已比较多地采用PWM调速系统。

6.3.3 交流电机伺服系统

1. 交流伺服电机的工作原理

交流伺服电机的工作原理与普通异步电机相似，由于它在数控机床中作为执行组件，将交流电信号转换为轴上的角位移或角速度，所以要求转子速度的快慢能反映控制信号的强弱，转动的方向能反映控制信号的相位，无控制信号时它不应转动，特别是当它已在转动时，如果控制信号消失，它应能立即停止转动。

2. 交流伺服电机的分类

交流伺服电机分为交流永磁式伺服电机和交流感应式伺服电机。永磁式相当于交流同步电机，常用于进给系统；感应式相当于交流感应异步电机，常用于主轴伺服系统。

两种电机的旋转机理都是由定子绕组产生旋转磁场使转子运转。不同点是交流永磁式伺服电机的转速和外加电源频率存在严格的关系，所以电源频率不变时，它的转速是不变的；而交流感应式伺服电机由于需要转速差才能在转子上产生感应磁场，所以电机转速比其同步转速小，外加负载越大，转速差越大。

3. 交流伺服电机的变频调速技术

在当今数控机床中大多采用变频器对交流伺服电机进行变频调速。变频器可以区分为“交—交”型和“交—直—交”型两大类。

(1)交—交变频器

没有明显的中间滤波环节，电网交流电被直接变成可调频调压的交流电。由于变频器输出波形是由电源波形整流后得到的，所以输出频率不可能高于电网频率，故一般用于低频大容量调速。

(2)交—直—交变频器

由顺变器、中间环节和逆变器三部分组成。顺变器的作用是将交流转换为直流，作为逆变器的直流供电电源。因中间环节的不同而分为斩波器方式变频器、电压型变频器和电流型变频器等。而逆变器是将直流电变为调频、调压的交流电，采用脉冲宽度调制(PWM)逆变器来完成。逆变器有晶闸管和晶体管逆变器之分，目前，数控机床上的交流伺服系统较多地采用晶体管逆变器。

6.3.4 进步电机伺服系统

步进电机具有独特的优点，作为伺服电机应用于控制系统时，可以使系统简化、工作可靠，而且可获得较高的控制精度。因而在工业上经常用作状态伺服组件、状态指示组件、位置控制和速度控制组件等。

1. 步进电机的分类

比较常用的步进电机包括反应式步进电机(VR)、永磁式步进电机(PM)和混合式步进电机(HB)等几种。

(1)反应式步进电机

反应式步进电机的转子磁路由软磁材料制成，定子上有多相励磁绕组，利用磁导的变化产生转矩。该步进电机一般为三相，可实现大转矩输出，步进角一般为1.5°，但振动和噪声比较大。

(2)永磁式步进电机

永磁式步进电机一般为两相，转矩和体积较小，步进角一般为7.5°或15°。

(3)混合式步进电机

混合式步进电机混合了永磁式和反应式的优点，它又分为两相和五相：两相步进角为1.8°，而五相步进角一般为0.72°。

2. 步进电机的工作原理

反应式步进电机和混合式步进电机的结构虽然不同，但工作原理相同，下面以反应式步进电机为例，分析说明步进电机的工作原理。

三相反应式步进电机的工作原理如图6-22所示，在步进电机定子的6个齿上分别缠绕有W_A、W_B、W_C三相绕组，构成三对磁极，转子上则均匀分布着4个齿。步进电机采用直流电源供电。当W_A、W_B、W_C三相绕组轮流通电时，通过电磁力吸引步进电机一步一步地旋转。假设在初始状态时，A相通电，其他两相断电，在电磁力作用下，转子的1、3两齿与磁极A对齐；然后切断A相电源，同时接通B相，则由于电磁力作用，转子将逆时针转过30°，使靠近磁极B的2、4两齿与B对齐；接着再切断B相电源，接通C相，转子又逆时针回转30°，使靠近磁极C的1、3两齿与C对齐。

若按上述通断电顺序(即A→B→C→A→…)连续向各相绕组供电，则

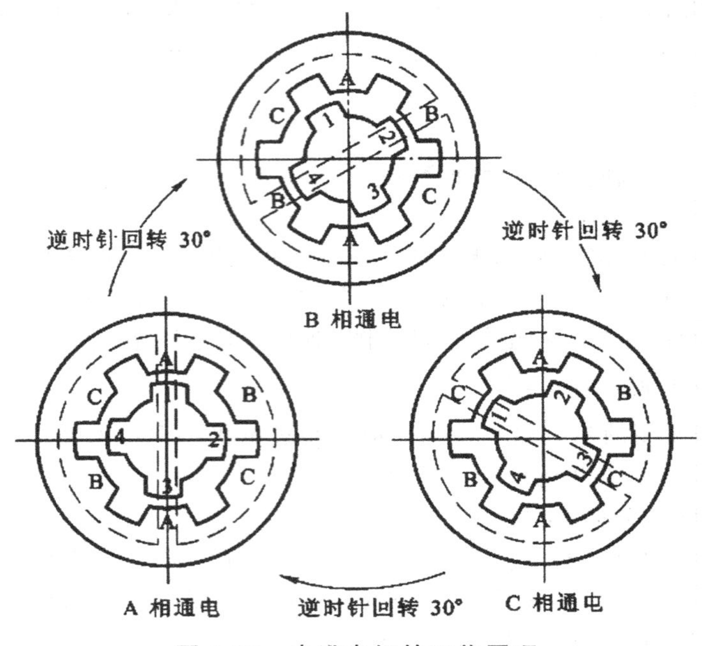

图 6-22　步进电机的工作原理

步进电机将按逆时针方向连续旋转。每通断电一次，步进电机转过 30°，称为一个步距角。若改变各相绕组的通断电顺序，如 A→C→B→A→…，步进电机将按顺时针方向旋转。若改变绕组的通断电频率，则可改变步进电机的转速。步进电机绕组的每一次通断电操作称为一拍，每拍中只有一相绕组通电，其余断电，这种通电方式称为单相通电方式。三相步进电机的 A、B、C 三相轮流通电一次共需三拍，称为一个通电循环，相应的通电方式又称为三相单三拍通电方式。

若步进电机通电循环的每拍中都有两相绕组通电，这种通电方式称为双相通电方式。三相步进电机采用双相通电方式时，每个通电循环也需三拍，其步距角为 30°，因而又称为三相双三拍通电方式，即 AB→BC→CA→AB→…。

若步进电机通电循环的各拍中交替出现单、双相通电状态，这种通电方式称为单、双相轮流通电方式。三相步进电机采用单、双相轮流通电方式时，每个通电循环中共有六拍，其步距角等于 15°，因而又称为三相六拍通电方式，即 A→AB→B→BC→C→CA→A→…。

通常情况下，m 相步进电机可采用单相通电、双相通电或单、双相轮流通电方式工作，对应的通电方式分别称为 m 相单 m 拍、m 相双 m 拍或 m 相

$2m$ 拍通电方式。

综上所述，可得出以下几个结论：

①步进电机定子绕组的通电状态每改变一次，它的转子便转过一个确定的角度，即步进电机的步距角。

②改变步进电机定子绕组的通电顺序，转子的旋转方向也随之改变。

③步进电机定子绕组通电状态的改变速度越快，其转子旋转的速度越快，即通电状态的变化频率越高，转子的转速越高。

④步进电机的步距角 θ 与定子绕组的相数 m、转子的齿数 z、通电方式 k 有关，其计算公式为

$$\theta = \frac{360^\circ}{kmz}$$

式中，三相三拍（即单拍）时，$k=1$；三相六拍（即双拍）时，$k=2$；其他依次类推。

3.进步电机的控制研究

(1)脉冲分配控制

由步进电机的工作原理知道，要使电动机正常的一步一步地运行，控制脉冲必须按一定的顺序分别供给电动机各相。例如，三相单拍驱动方式，供给脉冲的顺序为 A→B→C→A 或 A→C→B→A，称为环形脉冲分配。脉冲分配有两种方式：一种是硬件脉冲分配（或称为脉冲分配器），另一种是软件脉冲分配，是由计算机的软件完成的。

①硬件脉冲分配器。硬件脉冲分配器可以用门电路及逻辑电路构成，提供符合步进电机控制指令所需的顺序脉冲。按其电路结构不同，可分为 TTL 集成电路和 CMOS 集成电路。

这两种脉冲分配器的工作方法基本相同。即当各个引脚连接好之后，通过一个脉冲输入端控制步进的速度；另一个输入端控制电动机的转向，并有与步进电机相数相同的输出端分别控制电动机的各相。这种硬件脉冲分配器通常都包含在步进电机驱动控制电源内。数控系统通过插补运算，得出每个坐标轴的位移信号，通过输出接口，向步进电机驱动控制电源定时发出位移脉冲信号和正反转信号。

②软件脉冲分配器。软件脉冲分配在计算机控制的步进电机驱动系统中，可以采用软件的方法实现环形脉冲分配。

图 6-23 是一个 8031 单片机与步进电机驱动电路接口连接的框图。P1 口的三个引脚经过光电隔离、功率放大之后，分别与电动机的 A、B、C 三相连接。

采用软件进行脉冲分配虽然增加了软件编程的复杂程度，但它省去了

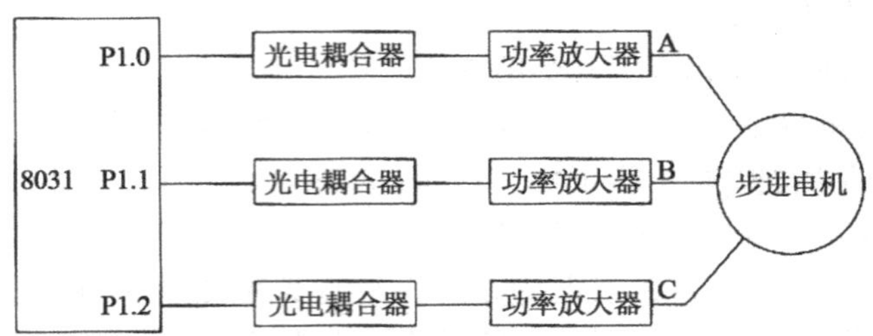

图 6-23　计算机控制的步进电机驱动电路框图

硬件环形分配器。系统减少了器件，降低了成本，也提高了系统的可靠性。

(2)速度控制

通过脉冲分配频率可实现步进电机的速度控制。速度控制也有硬、软件两种方法。硬件方法是在硬件脉冲分配器的时钟输入端(CP)接一可变频率脉冲发生器，改变其振荡频率，即可改变步进电机速度。下面主要讨论软件方法。

软件方法常采用定时器来确定每相邻两次分配的时间间隔，即脉冲分配周期，并通过中断服务程序向输出口分配控制数据。如果利用 8031 单片机控制步进电机，采用其 C_TC_0(零号定时/计数器)作为定时器时，则速度控制程序为：

```
FC:MOV TL0,5BH              ;5AH、5BH 中存放着与速度
   MOV TH0,5AH              ;相应的定时常数
   SETB TR0                 ;启动定时器
      ⋮                     ;其他程序，如脉冲分配等
INTR0:MOV TL0,5BH           ;重装定时常数
      MOV TH0,5AH
      MOV P1,55H            ;输出脉冲分配控制数据
      RETI                  ;中断返回
```

程序中前三条指令的作用是预置定时常数及启动定时器，可放在主程序中执行，也可作为子程序调用。定时器启动后，计算机可进行其他工作。当有定时中断申请时，CPU 响应中断，从标号为 $INTR_0$ 的中断服务程序入口开始进行中断服务。首先重装定时常数，为下一节拍做好准备，然后 P1 口输出 55H 中寄存脉冲分配控制数据。

速度控制的关键是定时常数的确定。设数控 X—Y 工作台的脉冲当量为 δ(mm)，要求的运动速度为 v(mm/min)，8031 的晶振频率为 f_{osc}(Hz)，采用 C_TC_0

的工作模式1(即16位定时器模式),则定时常数 $T_x(s)$ 可按下式确定①。

$$T_x(s) = 2^{16} - \frac{5f_{osc}\delta}{v}$$

(3)自动升降速控制

在机床加工过程中,由于进给状态的变化,要求步进电机能够实现起动、停止或改变运行速度,这也就要求步进电机的脉冲频率作相应变化,但为了防止电动机在变速过程中出现过冲或失步现象,则要求步进电机每次的频率变化量要小于其突跳频率值。这也就是说,当步进电机速度变化较大时,必须按一定规律完成一个升速或降速的过程。

在早期硬件数控系统中,都是使用可逆计数器、振荡器和同步器等硬件电路来实现自动升降速控制,电路较复杂。在后来的计算机数控系统中,由于计算机的引入,使得自动升速或自动降速的实现变得相当方便易行。

在计算机控制的步进系统中,只要按一定规律改变延时子程序中延时常数的大小或定时器中定时常数的大小,即可完成步进电机速度的改变。在具体实现时,可按直线规律或指数规律进行加、减速控制。

如图6-24所示,当按直线规律升降速时,其加速度值理论上恒定,但实际由于电动机转速升高时输出转矩有所下降,从而导致加速度有所变化。对于按指数规律进行升降速时,加速度是逐渐下降的,这比较接近于步进电机输出转矩随转速变化的规律。

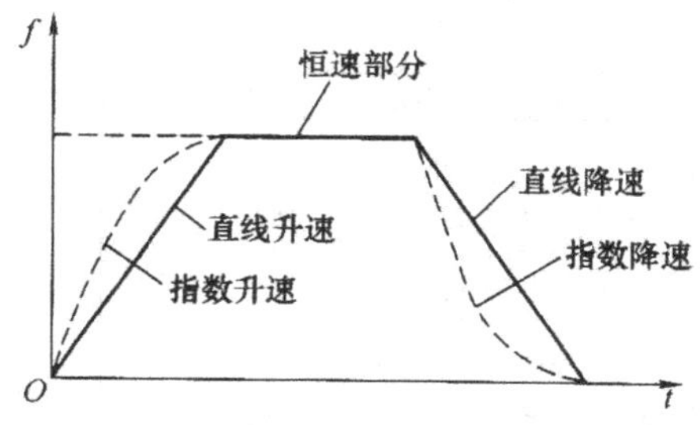

图6-24 步进电机升降速过程

步进电机自动升降速方法又分定时法和定步法两种。

①定时法。定时法就是按一定的时间间隔(Δt)来改变步进电机的运行频率,从而实现升降速控制。

②定步法。定步法就是按一定的步数间隔(Δp)来改变步进电机的运行频率,也就是当步进电机每走完一定步数后就改变一次频率,从而实现升

① 宁立伟.机床数控技术.北京:高等教育出版社,2010.

降速控制。

不管是定时法还是定步法，在选择合适的 Δt 和 Δp 时所遵循的原则都是保证每次频率的变化量 $\Delta f_i = f[(i+1)\Delta t] - f(i\Delta t)$ 要小于步进电机所允许的突跳频率值。

现以定步法为例来阐述步进电机快速进给(正转)过程中自动升降速的处理过程。

假设 $\Delta p = 100$ 步，电动机突跳频率为 15Hz，要求电动机正向进给总步数为 N，升速或降速的离散化区间数为 n，即 $N = n\Delta p$，则可以给出自动升降速控制软件流程如图 6-25 所示。

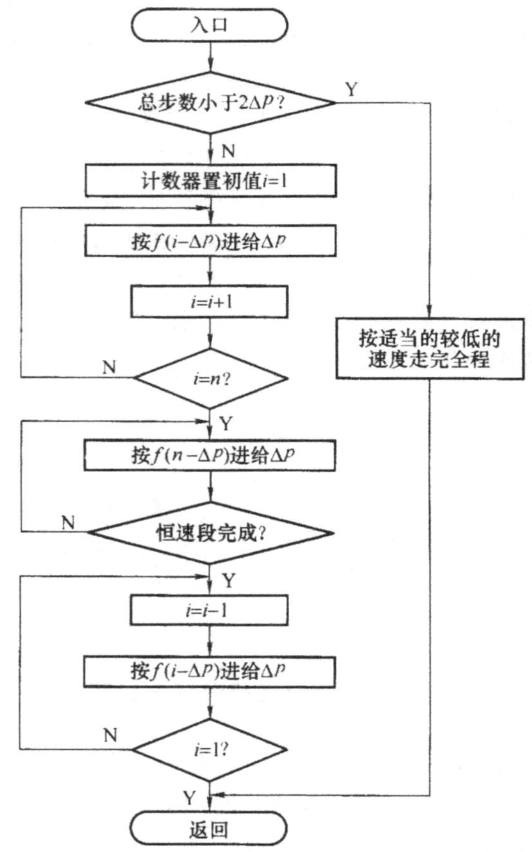

图 6-25　步进电机自动升降速控制软件流程图

其中当总步数小于 $2\Delta p$ 时就不必进行升降速处理，而仅按合适的较低速度走完全程即可；当总步数大于 $2\Delta p$ 时，则按升速段、恒速段和降速段的方式走完全程，并且升速段对称于降速段。

第7章 计算机控制技术研究

计算机的应用改变了传统的工业生产方式，推动了生产过程自动化的发展。计算机过程控制是计算机技术与工业生产过程相结合的产物，是生产过程自动化的基本内容，它经历了一个不断演变发展的过程，从简单的计算机控制系统逐步发展为多级分布式计算机控制系统。

7.1 计算机控制系统概述

7.1.1 计算机控制系统的发展史

1946年，美国生产出了世界上第一台电子计算机。50年代中期便开始有人研究将计算机用于工业过程控制。1959年，世界上第一套工业过程计算机控制系统在美国德克萨斯州的一个炼油厂正式运行。该系统控制有26个流量、72个温度、3个压力和3个成分。控制的主要目的是使反应器的压力最小，确定反应器进料量的最优分配，并根据催化作用控制热水流量以及确定最优循环。

早期的计算机采用电子管，它不仅运算速度慢、价格昂贵，而且体积大、可靠性差。1958年前后，计算机的平均无故障时间（MTBF）仅为50～100h。由于它的可靠性差，所以主要用于数据处理和操作指导。

随着集成电路技术的成熟，整个20世纪60年代，计算机技术有了很大的发展。主要体现在计算机的速度加快，体积缩小，工作更可靠以及价格更便宜，MTBF提高到大约2000h。到了60年代后期，出现了各种类型的适用于工业过程控制的小型计算机，它们能够用于各种场合，包括较小的原来认为不适合用计算机控制的工程问题。过程控制用的计算机台数从1970年的5000台左右上升到1975年的50000台左右，仅仅5年的时间增加了约十倍。

20世纪70年代，随着大规模集成电路技术的发展，于1972年生产出微型计算机，使得过程计算机控制技术进入了崭新的阶段。微型计算机的突出优点是运算速度快、可靠性高、价格便宜且体积很小。由于微型计算机的出现，开创了计算机过程控制的新时代。世界上几个主要的计算机和仪表制造厂于1975年几乎同时生产了全新的集散控制系统。例如，美国Honeywell公司的TDC-2000，日本横河公司的CENTUM等。

20世纪90年代之后，计算机控制技术的发展更加明显。在计算机控制系统进一步完善、价格不断下降、应用更加普及的同时，功能却更加丰富，性能也更加可靠。而随着数据计算机软件技术、网络技术和通信技术的飞速发展，计算机控制系统的外延与内涵都远远超过从前。在流程工业中，对集直接过程控制、监督、优化、生产调度、企业经营管理等功能于一体的计算机集成制造系统的研究，正将计算机集成制造的理念移植过来并予以实施。从实质上看，以前的过程计算机控制是自动化孤岛模式，一个工段、一个车间或一个过程采用计算机控制系统，而现在的目标是建设整个工厂、整个企业的综合自动化系统。该系统能综合应用计算机技术、自动化技术、生产加工技术和现代管理科学，从生产过程的全局出发，通过对生产活动所需的各种信息的集成，实现常规的过程控制、先进控制、生产调度、在线优化、企业经营管理等功能，达到提高企业经济效益、适应能力和竞争能力的目的。当前，建立这种能适应各种生产环境和市场需求、总体最优、高质量、高效益的工业过程计算机集成制造系统已成为工业自动化领域的共识和必然的发展趋势。

可以预料的是，在21世纪，随着超大规模集成电路技术、软件智能化技术和自动控制理论的发展，过程计算机控制技术将会出现惊人的飞跃，给国民经济带来巨大的效益。

7.1.2 计算机控制系统的组成和特点

1. 计算机控制系统的组成

计算机过程控制系统由控制器、执行机构、测量变送单元和被控对象组成，各部分组成一个闭环控制系统，其系统组成如图7-1所示。

在计算机控制系统中，由于工业控制机的输入和输出是数字信号，而变送器输出的以及大多数执行机构所能接收的都是模拟信号。因此，需要有将模拟信号转换为数字信号的A/D转换器和将数字信号转换为模拟信号的D/A转换器。

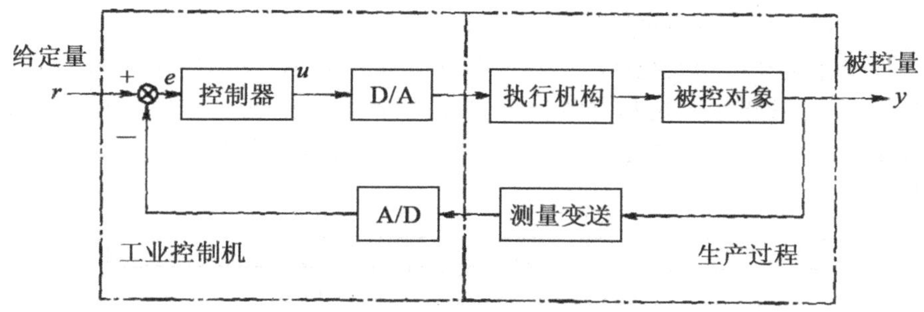

图 7-1　计算机控制系统的组成

2. 计算机控制系统的特点

与常规控制系统相比，以计算机为主要控制设备的计算机控制系统的主要特点有①：

①随着生产规模的扩大，模拟控制盘越来越长，这给集中监视和操作带来困难。而计算机采用分时操作，用一台计算机可以代替许多台常规仪表，在一台计算机上操作与监视则方便了很多。

②计算机具有记忆和判断功能，能够综合生产中各方面的信息，在生产发生异常情况下，及时做出判断，采取适当措施，并提供故障原因的准确指导，缩短系统维修和排除故障时间，提高系统运行的安全性，提高生产效率，这是常规仪表所达不到的。

③计算机控制系统可以通过人机对话的方式，方便地修改控制参数，能够灵活控制。如欲实现给定值不断变化的功能，通过编程则容易实现。对于有些生产过程，如大滞后的对象、各参数之间相互关联的对象，采用模拟量控制系统往往达不到满意的控制效果，这时用计算机控制便能发挥它的独特优点。

④常规模拟控制无法实现各系统之间的通讯，不便全面掌握和调度生产情况。计算机控制系统可以通过通信网络而互通信息，实现数据和信息共享，能使操作人员及时了解生产情况，改变生产控制和经营策略，使生产处于最优状态，从而达到最优控制。

7.1.3　计算机控制系统的分类研究

计算机参与生产过程控制有各种不同的控制方案，分类方法有很多种。通常按计算机参与控制的方式可以分为以下几类：

① 王慧.计算机控制系统(第二版).北京:化学工业出版社,2005.

1. 操作指导控制系统

操作指导控制系统(Operational Information System,OIS)的组成如图7-2所示。该系统不仅具有数据采集和处理的功能,而且能够为操作人员提供反映生产过程工况的各种数据,并相应地给出操作指导信息,供操作人员参考。

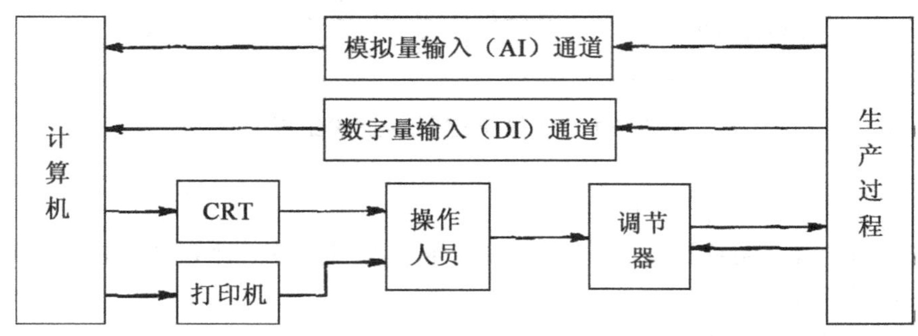

图 7-2　操作指导控制系统

该系统属于开环控制结构。计算机根据一定的控制算法,依赖测量元件测得的信号数据,计算出供操作人员选择的最优操作条件和操作方案。操作人员根据计算机的输出信息,如 CRT 显示图形或数据等改变调节器的给定值或直接操作执行机构。

操作指导控制系统具有控制灵活、结构简单和安全可靠等优点,但也具有人工操作、控制速度受到限制、不能同时控制多个回路的缺点,不适用于快速过程的控制。

2. 直接数字控制系统

直接数字控制系统(Direct Digital Control,DDC)是在操作指导系统的基础上发展起来的,它是计算机把运算结果直接输出去控制生产过程,其组成如图7-3所示。

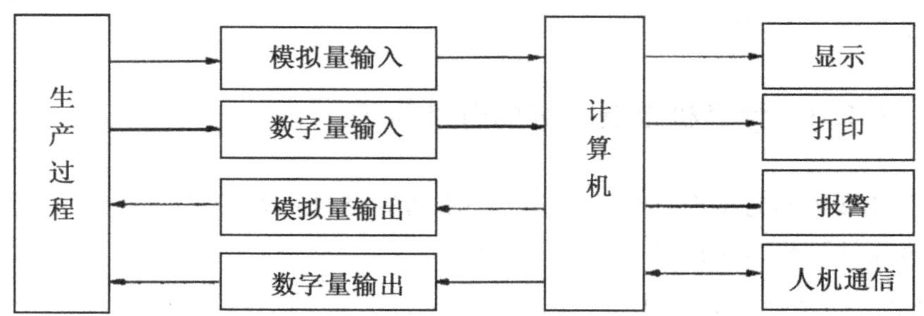

图 7-3　直接数字控制系统

这类系统属于闭环控制系统，计算机系统对生产过程各参量进行检测，再根据一定的控制算法（如 PID 算法）进行运算，然后发出控制信号，直接控制生产过程。其主要功能不仅能完全取代模拟控制规律，而且把显示、打印和给定值的设定等功能都集中到操作控制台上，实现集中控制和监督，给操作人员带来了极大的方便。

直接数字控制系统的优点是灵活性大、集中可靠性高和价格便宜。由于 DDC 系统中的计算机直接承担控制任务，所以要求这些计算机实时性好、可靠性高和适应性强。

3. 计算机监督控制系统

计算机监督控制系统（Supervisory Computer Control，SCC）是针对某一种生产过程，依据生产过程的各种状态，按生产过程的数学模型计算出生产设备应运行的最佳给定位，并将最佳值自动或人工对 DDC 执行级的计算机或对模拟控制仪表进行调整或设定控制的目标值。由 DDC 或控制仪表对生产过程各个点（运行设备）行使控制。

该系统有两种不同的结构形式，如图 7-4 所示。

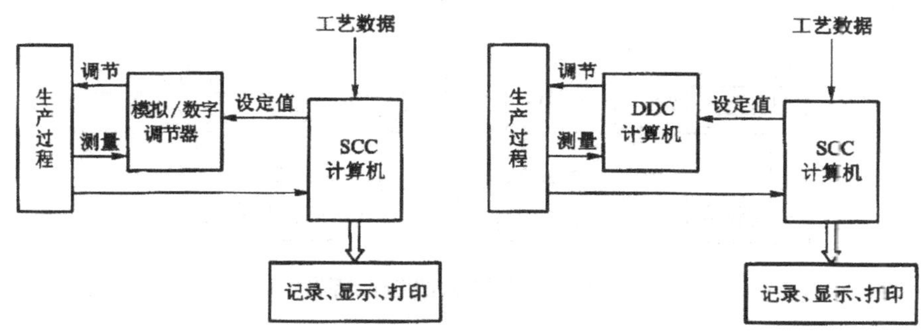

(a)SCC+模拟/数字调节器系统　　(b)SCC+DDC系统

图 7-4　计算机监督控制系统的两种结构形式

(1)SCC＋模拟/数字调节器的控制系统

它是由计算机系统对各物理量进行巡回检测，并按一定的数学模型对生产工况进行分析、计算后得出控制对象各参数最优给定值送给调节器，使工况保持在最优状态。当 SCC 计算机出现故障时，可由模拟/数字调节器独立完成操作。

(2)SCC＋DDC 的分级控制系统

这实际上是一个二级控制系统，SCC 可采用高档计算机，它与 DDC 之间通过通信接口进行通信联系。SCC 计算机可完成高一级的最优化分析和计算，并给出最优给定值，送给 DDC 级执行过程控制。当 DDC 级计算机出现故障时，可由 SCC 计算机完成 DDC 的控制功能，使系统可靠性得到提高。

计算机监督控制系统的特点是能保证受控的生产过程始终在最佳状态情况下运行，因而可能获得最大效益。直接影响 SCC 效果优劣的首先是它的数学模型，为此要经常在运行过程中改进数学模型，并相应地修改控制算法和应用控制程序。

4. 现场总线控制系统

现场总线控制系统（Fieldbus Control System，FCS）是计算机技术和网络技术发展的产物，是建立在智能化测量与执行装置的基础上，发展起来并逐步取代 DCS 控制系统的一种新型自动化控制装置。其构成如图 7-5 所示。

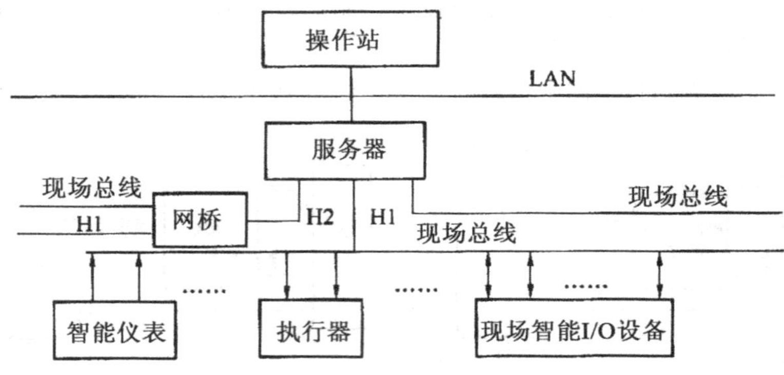

图 7-5 现场总线控制系统

现场总线是连接智能现场装置和自动化系统的数字式、双向传输、多分支结构的通信网络。现场总线在本质上是全数字式的，取消了原来 DCS 系统中独立的控制器，避免了反复进行 A/D、D/A 的转换。

现场总线控制系统是新一代分布式控制结构，是真正的分散控制、集中管理系统。它是控制系统的主流和今后的发展方向，是一种开放的、彻底分散的、具有可互操作性的全数字化的分布式控制系统，被称为 21 世纪的工业控制网络标准。

5. 集散控制系统

集散控制系统（Distributed Control System，DCS）采用分散控制、集中管理和综合协调的设计原则，把系统划分层次，形成分级分布式控制。

6. 可编程控制器

早期的可编程控制器(Programmable Controller,PLC)用于非过程工业领域,随着过程自动化的普及和 PLC 功能的扩展。目前,PLC 在过程控制中的应用也不断增长。

7.2 集散控制系统

集散控制系统以多台微处理机分散应用于过程控制,通过通信网络、CRT 显示器、键盘、打印机等设备又实现高度集中的操作、显示和报警管理。这种实现集中管理、分散控制的新型控制装置,自 1975 年问世以来,发展十分迅速,目前已经得到了广泛的应用。

7.2.1 集散控制系统概述

1. 集散控制系统的概念

目前,对集散控制系统(Distributed Control System,DCS)尚无标准的定义,我们可以理解为,它是对生产过程进行集中操作、管理、监视和分散控制的一种全新的分布式计算机控制系统。

该系统将若干台微机分散应用于过程控制,全部信息通过通信网络由上位管理计算机监控,实现最优化控制,通过 CRT 装置、通信总线、键盘、打印机等,进行集中操作、显示和报警。整个装置继承了常规仪表分散控制和计算机集中管理的优点,克服了常规仪表功能单一、人—机联系差,以及单台微型计算机控制系统危险性高度集中的缺点,既在管理、操作和显示三方面集中,又在功能、负荷和危险性三方面分散。

集散控制系统是在 20 世纪七八十年代发展起来的,是一种新型的控制系统。

2. 集散控制系统的组成

虽然集散系统的品种繁多,但系统的基本组成结构是相似的,一般由五大部分组成,如图 7-6 所示。

(1)过程控制单元

过程控制单元(又称基本控制器或闭环控制站)是集散系统的核心部分,主要完成算术运算功能、顺序控制功能、连续控制功能、过程 I/O 功能、数据处理功能、报警检查功能和通信功能等。

(2)过程输入/输出接口

过程输入/输出接口(又称数据采集站),直接与生产过程相连接,实现对过程变量进行数据采集。它主要完成数据采集和预处理,并对实时数据进一步加上,为操作站提供数据,实现对过程变量和状态的监视和打印,实现开环监视,或为控制回路运算提供辅助数据和信息。

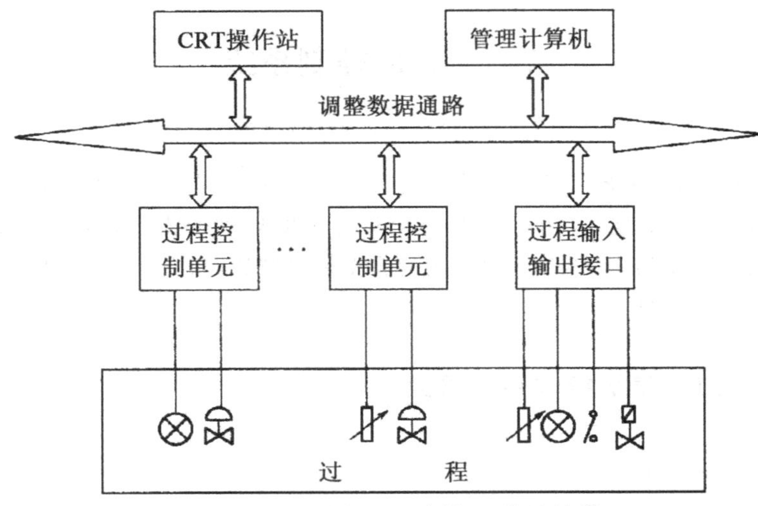

图 7-6　集散控制系统的组成结构①

(3)操作员站

操作员站(简称操作站)是操作人员进行过程监视、过程控制操作的主要设备。操作员站提供良好的人机交互界面,用以实现集中显示、集中操作和集中管理等功能。有的操作员站可以进行系统组态的部分或全部工作,兼具工程师站的功能。

(4)高速数据通路

高速数据通路(又称高速通信总线、大道、公路等)是一种具有高速通信能力的信息总线,一般采用双绞线、同轴电缆或光导纤维构成。为了实现集散系统各站之间数据的合理传送,通信系统必须采用一定的网络结构,并遵循一定的网络通信协议。

(5)管理计算机

管理计算机是集散控制系统的主机,习惯上称它为上位机。它综合监视全系统的各单元,管理全系统的所有信息,具有进行大型复杂运算的能力

---

① 刘翠玲,黄建兵. 集散控制系统. 北京:中国林业出版社;北京大学出版社,2006.

以及多输入、多输出控制功能,以实现系统的最优控制和全厂的优化管理。

3. 集散控制系统的特点

集散控制系统具有集中管理和分散控制的显著特征,成为了当前主流的过程工业自动化控制与管理设备,它的主要特点可以分为以下几个方面:

(1)功能分散

功能分散是指对过程参数的运算处理、检测、控制策略的实现、控制信息的输出及过程参数的实时控制等都是在现场的过程控制单元中自动进行,从而实现了功能的高度分散。一方面,控制和数据采集设备可以尽可能地接近现场安装,避免了模拟信号的远距离传输,提高了运行的可靠性;另一方面,所有的过程控制单元都由自身的计算机管理,使系统发生故障时影响面小,危险分散,提高了系统的安全性。

(2)分级递阶结构

集散控制系统采用分级递阶结构,是从系统工程出发,考虑系统控制功能分散、提高可靠性、强化系统应用灵活性、危险分散、降低投资成本、便于维修和技术更新等而得出的。分级递阶结构通常分为四级:

第一级为过程控制级,根据上层决策直接控制过程或对象的状态。

第二级为优化控制级,根据上层给定的目标函数或约束条件、系统辨识的数学模型得出优化控制策略,对过程控制进行设定点控制。

第三级为自适应控制级,根据运行经验,补偿工况变化对控制规律的影响,维持系统在最佳状态运行。

第四级为工厂管理级,其任务是决策、管理、计划、调度与调节,根据系统总任务或总目标。规定各级任务并决策协调各级任务。

(3)信息综合与集中管理

集中监视可以提供丰富的显示手段和显示方式,给出全局和局部的运行信息,更好地监视和管理生产过程。集中管理与操作可以保证操作的一致性,改变系统运行条件的操作是由专门人员进行,减少了误操作的可能。

(4)自治性和协调性

集散控制系统的各组成部分是自治、协调的系统。自治系统指它们各自完成自己的功能,能够独立工作。协调系统指这些组成部分用通信网络和数据库互相连接,相互间既有联系,又有分工,数据信息相互交换,各种条件相互制约,在系统协调下工作。

集散控制系统是一个相互协调的系统,虽然各个组成部分是自治的,但是任何部分的故障都会对其他部分有影响。但是,不同部件的故障对整个系统影响的大小是不同的。因此,在集散控制系统的选型和系统配置时应考虑重要部位设置较高可靠性部件或采用冗余措施。

(5)灵活性和可靠性

集散控制系统的硬件采用积木式结构,可灵活地配置成大、中、小各类系统,还可以根据企业的财力或生产要求,逐步扩展系统,改变系统的配置。而软件采用模块式结构,提供各类功能模块,可灵活地组态构成简单、复杂各类控制系统。另外,还可根据生产工艺和流程的改变,随时修改控制方案,在系统容量允许范围内,只需通过组态就可以构成新的控制方案,而不需要改变硬件配置。

为保证高可靠性,集散控制系统使用高度集成化的元器件,采用表面安装技术,大量使用CMOS器件减小功耗,并且在很高的水准上对每个元部件进行一系列可靠性的测试等。此外,系统还采用冗余技术和容错技术,各单元都具有自诊断、自检查、自修复及故障自动报警功能,大大提高系统的可靠性。

(6)开放的系统结构

开放系统是以规范化与实际存在的接口标准为依据而建立的计算机系统、网络系统及相关的通信系统。这些标准可为各种应用系统的标准平台提供软件的可移植性、系统的互操作性、信息资源管理的灵活性和更大的用户可选择性。

集散控制系统的开放性主要表现在以下几个方面。

①可操作性。开放系统的可操作性可理解为:一个产品制造商的设备具有了解和使用来自另一个制造商设备的数据的能力,而不管子系统的类型或原来的功能,也不需要使用昂贵的网关或协议转换器。开放系统由多个厂商符合统一工业标准的产品建立,能在统一的网络上提供全面的可操作性。可操作性使网络上的各个节点,能够通过网络获得其他节点的数据、资源和处理能力。

②可用性。可用性是指对用户友好的程度。它指技术能力能够容易有效地被特定范围的用户使用,经特定培训和用户支持,在特定环境下,完成特定范围任务的能力。即容易使用、容易学习、可在不同用户不同环境下正常运行的能力。可用性使系统的用户对产品选择时,无需考虑所选产品能否用于已有系统。由于系统是开放的、采用标准的通信协议,从而用户选择产品的灵活性增强。

③可移植性。可移植性是第三方应用软件能够在系统所提供的平台上运行的能力。从系统应用看,它是系统易操作性的表现。但从系统安全性看,也表示该系统的安全性存在问题。因此,设置可移植性标准,规范第三方软件的功能和有关接口标准是非常必要的。可移植性能保护用户的已有资源,减少应用开发、维护和人员培训的费用。

④可适宜性。可适宜性是开放系统对系统的适应能力。即系统对计算

机的运行环境要求越来越宽松，在某些较低级别的系统中能够运行的应用软件也能够在较高级别的系统中运行。反之，版本高的系统软件能适用在版本较低的系统中。

7.2.2　集散控制系统的体系结构探析

自集散控制系统产生以来，随着计算机、通信网络和控制技术的发展与应用，集散系统也不断发展，结构体系不断更新，功能不断增强，已经向着计算机集成综合制造系统方向发展。虽然不同集散系统的产品在硬件的互换性、软件的兼容性及操作的一致性上很难达到统一，但从其基本构成方式和构成要素来分析，仍然具有相同或相似的体系结构。

1. 集散控制系统的分层体系结构

集散控制系统按功能划分的层次结构充分体现了其分散控制和集中管理的设计思想，系统从下至上依次分为直接控制层、操作监控层、生产管理层和决策管理层，如图 7-7 所示。

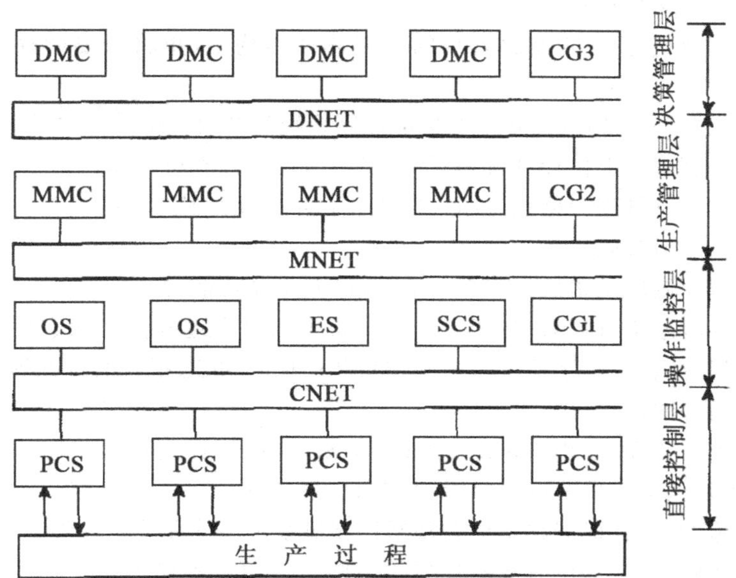

PCS:过程控制站	OS:操作员站	ES:工程师站
SCS:监控计算机站	OG:计算机网关	CNET:控制网络
MNET:生产管理网络	DNET:决策管理网络	
MMC:生产管理计算机	DMC:决策管理计算机	

图 7-7　集散控制系统的分层体系结构

(1)直接控制层(过程控制级)

这一级上的过程控制计算机直接与现场各类装置(如变送器、记录仪表等)相连,对所连接的装置实施监测、控制,同时还向上与第二层的计算机相连,接收上层的管理信息,并向上传递装置的特性数据和采集到的实时数据。

(2)操作监控层(过程管理级)

这一级上的过程管理计算机主要有监控计算机、操作站、工程师站。它综合监视过程各站的所有信息、集中显示操作,控制回路组态和参数修改,优化过程处理等。

(3)生产管理层(产品管理级)

这一级上的管理计算机根据产品各部件的特点,协调各单元级的参数设定,是产品的总体协调员和控制器。

(4)决策管理层(工厂总体管理和经营管理级)

这一级居于中央计算机上,并与办公室自动化连接起来,担负起全厂的总体协调管理,包括各类经营活动、人事管理等。

2. 系统分层体系结构中各层的功能

上面描述了集散控制系统的分层体系结构,这里将主要阐述各层的功能。

从图 7-7 可以看出,新型的集散控制系统是开放型的体系结构,可方便地与生产管理的上位计算机相互交换信息,形成计算机一体化生产系统,实现工厂的信息管理一体化。图 7-8 显示了各层所实现的功能。

(1)直接控制层

直接控制层是集散控制系统的基础,其主要功能为:

①实时采集过程数据,即对被控设备中的每个过程量和状态信息进行快速采集,使进行数字控制、设备监测、开环控制、状态报告的过程等获得所需要的输入的信息。

②进行设备监测和系统的测试、诊断,即把过程变量和状态信息取出后,分析是否可以接受以及是否允许向高层传输。进一步确定是否对被控装置实施调节;并根据状态信息判断计算机系统硬件和控制板件的性能,在必要时实施报警、错误或诊断报告等措施。输出过程操纵命令实现对过程的操纵和控制。

③进行直接数字控制,例如实现单回路控制、串级控制等。

④实施安全性、冗余化措施,一旦发现计算机系统硬件或控制板有故障,就立即实施备用件的切换,保证整个系统安全运行。

(2)操作监控层

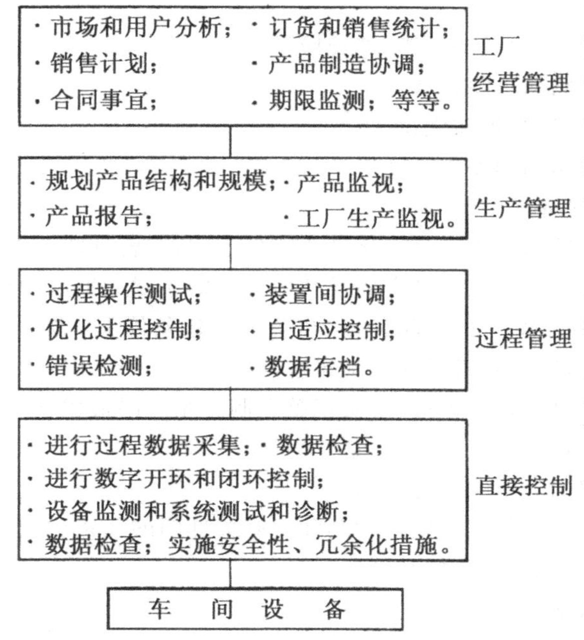

图 7-8　系统分层体系结构中各层的功能

操作监控层主要是应付单元内的整体优化，并对其下层产生确切的命令，在这一层应完成的功能为：

①实时采集过程数据，进行数据转换和处理。

②优化单元内各装置，使它们密切配合：这主要是根据单元内的产品、原材料、库存以及能源的使用情况，以优化准则来协调相互之间的关系。

③实施连续、离散、顺序、批量和混合控制的运算，并输出控制作用。

④通过获取直接控制层的实时数据以进行单元内的活动监视、故障检测存档、历史数据的存档、状态报告和备用。

(3)生产管理层

产品规划和控制级完成一系列的功能，要求有比系统和控制工程更宽的操作和逻辑分析功能，根据用户的订货情况、库存情况来规划各单元中的产品结构和规模。同时，可使产品重新计划，随时更改产品结构，这一点是工厂自动化系统高层所需要的，有了产品重新组织和柔性制造的功能就可以应付由于用户订货变化所造成的不可预测的事件。由此，一些较复杂的工厂在这一控制层就实施，协调策略。此外，对于统观全厂生产和产品监视以及产品报告也都在这一层来实现，并与上层交互传递数据。在这一层，其主要的功能为：

①数据显示和记录。

②过程操作(含组态操作、维护操作)。

③数据存储和压缩归档。

④系统组态、维护和优化运算。

⑤报表打印和操作画面硬拷贝。

(4)决策管理层

决策管理层居于工厂自动化系统的最高层,它管理的范围很广,包括工程技术方面、商务方面、经济方面及其他方面的功能。把这些功能都集成到软件系统中,通过综合的产品计划,在各种变化条件下,结合多种多样的材料和能量调配,以达到最优地解决这些问题。在这一层中,通过与公司的各部门等办公室自动化相连接,来实现整个制造系统的最优化。在这一层,其主要的功能为:

①从局部到全局的优化控制。

②协调和调度各车间生产计划和各有关部门的关系。

③主要数据显示、存储和打印。

④进行数据通信等。

7.2.3 集散控制系统的构成方式与要素

1.集散控制系统的构成方式

上一节讨论了集散控制系统的组成和体系结构,这里从系统结构分析,将集散控制系统分为三大部分进行阐述。

(1)分散过程控制装置

分散过程控制装置用来进行分散的过程控制。它是集散控制系统与生产过程的接口,称为过程界面。该部分由单回路控制器、多回路控制器、多功能控制器、可编程逻辑控制器和数据采集装置等组成。相当于直接控制层和过程管理层,实现与生产过程的连接。

(2)集中操作和管理系统

集中操作和管理系统集中各分散过程控制装置的信息,通过监视和操作,把操作命令下达各分散过程控制装置。该部分由工程师站、操作站、服务器、管理机和外部设备等组成,相当于生产管理层和决策管理层,实现人机信息交互。

(3)通信系统

通信系统是实现集散控制系统各级之间数据通信的桥梁。根据系统的不同,通信系统的拓扑结构和通信方式也可以不同,其目的是实现各有关级之间的数据通信。

以上三部分的关系如图 7-9 所示。

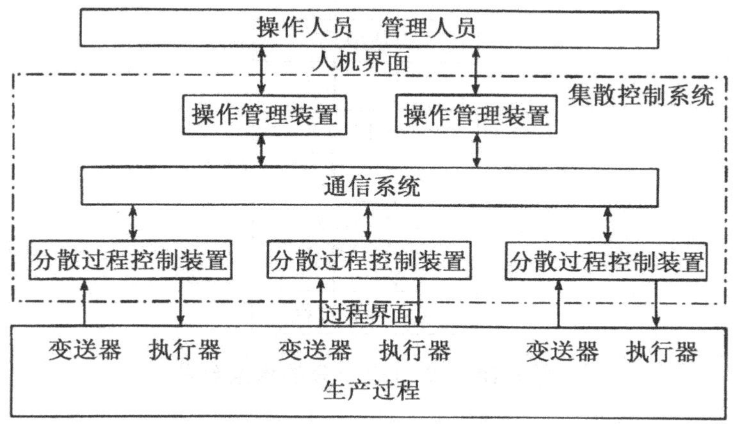

图 7-9　集散控制系统

2. 集散控制系统的构成要素

集散控制系统具有递阶控制结构、分散控制结构和冗余化结构的特征。

(1)递阶控制结构

集散控制系统由相互关联的子系统组成。它是一种金字塔结构,同一级的各决策子系统可同时对其下级系统施加作用,同时又受到上级的干预。子系统可通过上级相互交换信息。因此,集散控制系统是递阶控制结构。

递阶控制结构分为以下三种类型:

①多级结构。为减少同一级的各子系统之间信息的交换和决策的冲突,在分散的各决策子系统上添加一级协调级,用于下级决策的协调和信息的交换。

②多重结构。多重结构是指用一组模型从不同角度对系统进行描述的多级结构。层次的选择,就是观察的角度受观察者的知识和观察者对系统兴趣的约束。

③多层结构。多层结构是按系统中决策的复杂性分级。图 7-10 是按功能划分的多层结构。

对一个存在不确定性因素的复杂控制系统,控制功能的递阶分层通常可以由以下四层构成:

· 直接控制层。采用一般的简单控制。

· 优化层。在一定的对象数学模型和参数已知条件下,按优化指标确定直接控制层中控制器的设定值。

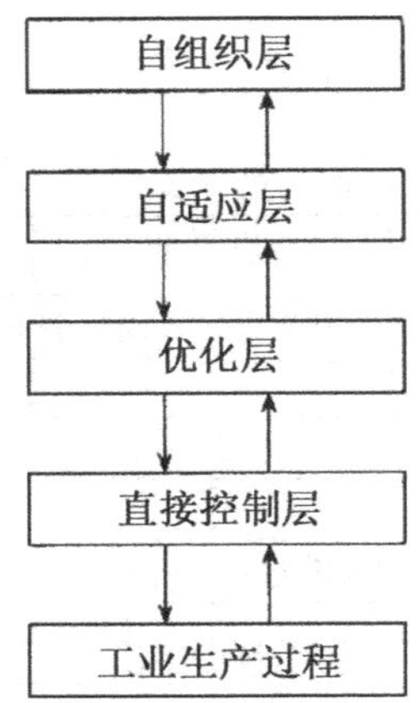

图 7-10　按功能划分的多层结构

· 自适应层。通过对实际系统的观测，辨识优化层中所使用数学模型的结构和参数，使建立的数学模型能够尽可能正确反映实际过程。

· 自组织层。按系统总控制目标选择下层所用模型结构、控制策略等。当总目标变化时，能够自动改变优化层所用的优化性能指标。当辨识参数不能满足应用要求时，应能够自动修改自适应层的学习策略等。

多重结构主要从建模考虑；多级结构主要考虑各子系统的关联，把决策问题进行横向分解；多层结构主要进行纵向分解。因此，这三种递阶结构并不相互排斥，可同时存在于一个系统中。

(2)分散控制结构

分散控制结构是针对集中控制可靠性差的缺点而提出的。它与递阶控制结构的根本区别是分散控制系统结构是一个自治的闭环结构。

在集散控制系统中，分散控制结构通常表现在以下三个方面：

①功能的分散。集散控制系统的分级是以功能分散为依据的。通常采用的功能分散是：过程控制装置中控制功能的分散；具有人机接口功能的集中操作站与具有过程接口功能的过程控制装置的分散；按装置或设备进行的功能分散及全局控制和个别控制之间的分散等。

②负荷的分散。集散控制系统的负荷分散不是由于负荷能力不够而进行的负荷分散，主要是危险分散。通过负荷分散，使一个控制处理装置发生故障时的危险影响减到尽可能小的地步。当控制回路之间关联较弱时，可通过减少控制处理装置的回路数达到危险分散的目的；当控制回路之间有较强关联时，尤其是在顺序控制中，各回路还存在时间上的关联，这时，为了使危险分散，可进行与相应装置对应的功能分散，按装置或设备进行分散，

并设置冗余的过程控制装置。

③地域的分散。地域的分散通常是水平型分散结构。当被控对象分散在较大的区域时，例如油罐区的控制，则集散控制系统需要对控制系统在地域上进行分散设置。此外，像各车间、工段因地理位置的因素，也有地域分散控制的需要。

在集散控制系统中，分散控制结构分为以下三种类型。

①水平型。水平型是一种以自我管理为基础的对等的分散子系统结构。通信系统中，这些子系统具有平等地位。

②垂直型。垂直型（又称阶层型）是以上下关系为基础的控制结构。下位向左右方向扩大，形成金字塔形。系统的通信发生在上下位之间，其主导权由上位掌握，对下位设备的动作有监视和进行调整的权限。

③复合型。复合型是水平和垂直型的混合。各子系统在各自管理的同时，形成上下阶层关系。它们拥有较强的独立性，上位系统的故障不影响下位子系统间的数据交换和各自的功能。正常情况下，上位系统监视和支持下位系统的工作。因此，大部分集散控制系统采用复合型分散控制结构。

（3）冗余化结构

为提高系统的可靠性，集散控制系统在重要设备、对系统有影响的公用设备上通常采用冗余化结构。常用的冗余方式分为以下四种：

①同步运转方式。同步运转方式是将两台或两台以上的装置以相同的方式同步运转，输入相同的信号，进行相同的处理，然后对输出进行比较，如果输出保持一致，则系统是正常运行的。该方式适用于可靠性极高的紧急停车系统和安全联锁系统。

②多级操作方式。多级操作方式属于纵向冗余方式。正常操作在最高层，如全自动操作方式。如果该层发生故障，则由下一层进行操作，例如，在屏幕对生产过程的手动操作和控制。逐层降级，直到最终的操作方式是对执行器的手动操作和控制。该方式适用于有关的功能模块手动和自动两种操作模式。

③待机运转方式。待机运转方式要求多台（N 台）设备运行，一台后备设备准备，一旦其中某一台设备发生故障，能够自动启动后备设备并使其运转。该系统需要一个指挥装置使备用设备自动从备用状态切换到工作状态。该方式适用于通信系统采用 1∶1 冗余配置或多回路控制器采用 N∶1 备用方式的场合。

④后退运转方式。正常工作时，多台设备各自分担各自的功能，并进行运转。当其中某台设备发生故障时，其他设备放弃部分不重要的功能，以此来完成故障设备的主要功能。该方式适用于生产过程的人机界面。

7.3 可编程控制器

可编程控制器(PLC)是一种专门为在工业环境下自动化应用而设计的专用计算机装置。由于它具有功能强大、操作方便、可靠性高等优点,可编程控制器目前已成为工业自控领域中广泛应用的自动化装置。

7.3.1 可编程控制器概述

1. 可编程控制器的产生与发展

第一台可编程控制器的设计规范是美国通用汽车公司提出的。当时的目的是要求设计一种新的控制装置以取代继电器盘,在保留了继电器控制系统的简单易懂、操作方便、价格便宜等优点的基础上,同时具有现代化生产线所要求的时间响应快、控制精度高、可靠性好、控制程序可随工艺改变、易于与计算机接口、维修方便等诸多高品质与功能。这一设想提出后,美国数字设备公司(DEC)于1969年研制成第一台可编程控制器,型号为PDP-14,投入通用汽车公司的生产线控制中,取得了令人满意的效果,从此开创了可编程控制器的新纪元。

第一台可编程控制器具有模块化、可扩充、可重编程及用于工业环境的特性。这些控制器易于安装,占用空间小,可重复使用。尽管控制器编程有些琐碎,但它具有公共的工厂标准——梯形图编程语言,这样使得不熟悉计算机的人也能方便地使用它。

凭借其优越的性能,可编程控制器问世后发展极为迅速。1971年,日本引进了这项技术并开始生产可编程控制器。1973年,原西德和法国也研制出自己的可编程控制器。20世纪70年代中期,欧美及日本的一些厂家,其可编程控制器产品中多以微处理器及大规模集成电路芯片为其核心部件,使可编程控制器的功能进一步扩展,并且有了自诊断功能,可靠性得到进一步提高。随着微电子技术的迅猛发展,20世纪80年代中期,可编程控制器的处理速度和可靠性大大提高,不但增加了多种特殊功能,而且体积进一步缩小,成本大幅度下降。到20世纪90年代中期之后,可编程控制器几乎完全计算机化,其速度更快、功能更强,可编程控制器的各种智能化模块不断被开发出来,一些厂家还推出了可编程控制器的计算机辅助编程软件,许多小型可编程控制器的性能也不可小视。

现在，可编程控制器不仅能进行逻辑控制，在模拟量的闭环控制、数字量的智能控制、数据采集、系统监控、通信连网及集散控制等方面都得到广泛的应用。如今大、中型，甚至小型可编程控制器都配有 A/D、D/A 转换及算术运算功能，有的还具有可编程控制器控制功能。这些功能使可编程控制器应用于模拟量的闭环控制、运动控制、速度控制等具有了硬件基础；可编程控制器具有输出和接收高速脉冲的功能，配合相应的传感器及伺服装置，可编程控制器可以实现数字量的智能控制；可编程控制器配合可编程终端设备（PT），可以实时显示采集到的现场数据及分析结果，为分析、研究系统提供依据；利用可编程控制器的自检信号可实现系统监控；可编程控制器具有较强的通信功能，可与计算机或其他智能装置进行通信和连网，从而能方便地实现集散控制。功能完备的可编程控制器不仅能满足控制的要求，还能满足现代化大生产管理的需求。

目前可编程控制器的发展方向主要有两个：

①朝着小型化、简易、廉价化方向发展。单片机技术的发展，促进了可编程控制器向紧凑型发展，体积减小，价格降低，可靠性不断提高。这种小型的可编程控制器可以广泛取代继电器控制系统，应用于单机控制和小型生产线的控制等。

②朝着大型、高速、标准化、系列化、智能化、高速化、大容量化、网络化方向发展，这将使可编程控制器功能更强，可靠性更高，使用更方便，适用面更广。大型的可编程控制器一般为多微处理器系统，有较大的存储能力和功能强劲的输入/输出接口。通过丰富的智能外设接口，可以实现流量、温度、压力、位置等闭环控制；通过网络接口，可级连不同类型的可编程控制器和计算机，从而组成控制范围很大的局域网络，适用于大型的自动化控制系统。

2. 可编程控制器的特点分析

可编程控制器出现后就受到普遍重视，其应用发展也十分迅速，原因在于与现有的各种控制方式相比，它有一系列受用户欢迎的特点，具体如下所示。

(1)抗干扰能力强，可靠性高

可编程控制器的生产厂家在硬件方面和软件方面上采取了一系列的抗干扰措施，提高了可靠性。

①采用为工业恶劣操作环境而专门设计的硬件。如采用先进的工艺制造流水线制造的高可靠性的元件；对干扰的屏蔽、隔离和滤波等；对电源的掉电保护；对存储器内容的保护；采用“看门狗”和其他自诊断措施；便于维修的设计等。

②在软件方面也采取了一系列措施。如采用软件滤波，进行软件自诊断，简化编程语言，处理报警和运行信息等。

(2)适应性强,应用灵活

由于可编程控制器的产品均成系列化生产,品种齐全,多数采用模块式的硬件结构,组合和扩展方便,用户可根据自己需要灵活选用,以满足大小不同及功能繁简各异的控制系统的要求。

(3)编程方便,易于使用

可编程控制器有多种程序设计语言可供使用。对电气技术人员来说,梯形图由于与电气原理图较为接近,容易掌握和理解;采用布尔助记符编程语言时,由于符号是功能的简单缩写,非常有利于编程人员的记忆和使用;虽然功能表图、功能模块图和高级语言的应用尚未普及,但由于它们具有功能清晰、易于理解等特点,正为广大工程技术人员所接纳和采用,并发挥出更有效的作用。

(4)维修方便,功能完善

可编程控制器有完善的自诊断、履历情报存储及监视功能。它对内部工作状态、通信状态和异常状态等的状态均有显示。工作人员通过它可以查出故障原因,便于迅速处理。除基本的逻辑控制、算术运算等功能外,配合特殊功能模块还可以实现点位控制、PID运算、过程控制和数字控制等功能,方便了工厂管理及与上位机通信,通过远程模块还可以控制远方设备。

7.3.2 可编程控制器的结构与分类

1. 可编程控制器的结构

可编程控制器的构成框图和计算机是一样的,都由中央处理器(CPU)、存储器和输入/输出接口等构成。因此,从硬件结构来说,可编程控制器实际上就是计算机,其硬件系统的简化框图如图7-11所示。

由图7-11可见,可编程控制器实质上是一种工业控制用的专用计算机。下面具体讨论可编程控制器的各组成部分。

(1)中央处理器

中央处理单元(CPU)一般由控制器、运算器和寄存器组成,这些电路都集成在一个芯片内。CPU通过数据总线、地址总线和控制总线与存储单元、输入/输出接口电路相连接。

与一般计算机一样,CPU是可编程控制器的核心。它按可编程控制器中系统程序赋予的功能控制可编程控制器有条不紊地进行工作。用户程序和数据事先存入存储器中。当可编程控制器处于运行方式时,CPU按循环扫描方式执行用户程序。

CPU的主要任务是控制用户程序和数据的接收与存储;用扫描的方式

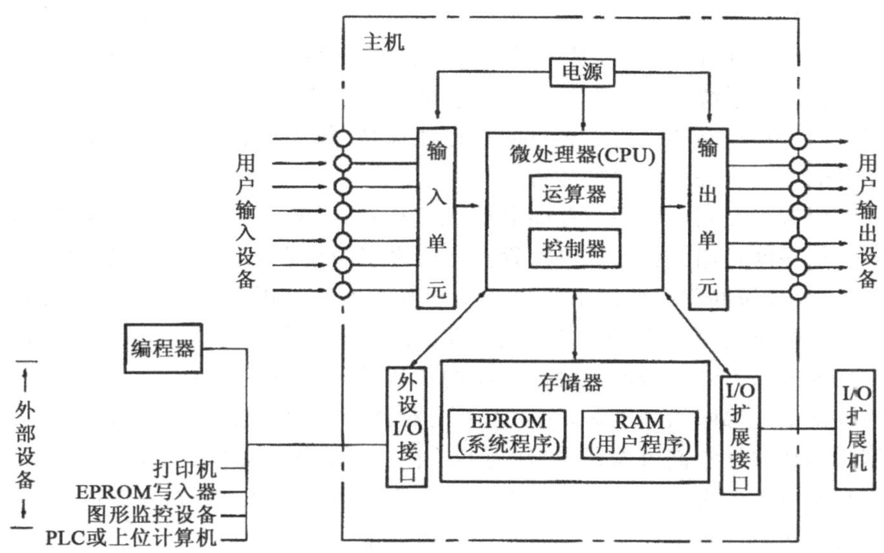

图 7-11　PLC 硬件系统的简化框图

通过 I/O 接口接收现场信号的状态或数据，并存入输入映像寄存器或数据存储器中；诊断可编程控制器内部电路的工作故障和编程中的语法错误等；可编程控制器进入运行状态后，从存储器逐条读取用户指令，经过命令解释后按指令规定的任务进行数据传送、逻辑或算术运算等；根据运算结果，更新有关标志位的状态和输出映像寄存器的内容，再经输出部件实现输出控制、制表打印或数据通信等功能。

不同型号的可编程控制器其 CPU 芯片是不同的，有采用通用 CPU 芯片的，有采用厂家自行设计的专用 CPU 芯片的。CPU 芯片的性能关系到可编程控制器处理控制信号的能力与速度，CPU 位数越高，系统处理的信息量越大，运算速度也越快。

可编程控制器中采用的 CPU 一般有三大类：一类为通用微处理器，如 80286、80386 等；一类为单片机芯片，如 8051、8096 等；另外还有位处理器，如 AMD2900、AMD2903 等。通常来说，可编程控制器的档次越高，CPU 的位数也越多，运算速度也越快，指令功能也越强。为了提高可编程控制器的性能，也有的一台可编程控制器采用了多个 CPU。

(2)存储器

存储器是可编程控制器存放系统程序、用户程序及运算数据的单元。和计算机一样，可编程控制器的存储器可分为只读存储器(ROM)和随机读写存储器(RAM)两大类。只读存储器是用来存放永久保存的系统程序，一般为掩膜只读存储器和可编程电改写只读存储器。随机读写存储器的特点是写入与擦除都很容易,但在掉电情况下存储的数据会丢失,一般用来存放用户程序及系统运行中产生的临时数据。为了能使用户程序及某些运算数据在可编程控制器脱离外界电源后也能保持,机内随机读写存储器均配备了电池或电容等掉电保持装置。

可编程控制器的用户存储器区域按用途不同,又可分为程序区及数据区。程序区是用来存放用可编程控制器规定的编程语言编写的应用程序的区域,该区域的程序可以由用户任意修改或增删。用来存放用户数据的区域一般较小,在数据区中,各类数据存放的位置都有严格的划分。由于可编程控制器是为熟悉继电接触器系统的工程技术人员使用的,可编程控制器的数据单元都叫做继电器,如输入继电器、辅助继电器、时间继电器、计数器等。其特点是它们可编程,也称为可编程控制器的编程“软元件”,是可编程控制器应用中用户涉及最频繁的区域。不同用途的继电器在存储区中占有不同的区域。每个存储单元有不同的地址编号。

(3)输入/输出接口

可编程控制器的输入和输出信号类型可以是开关量、模拟量。输入/输出接口单元包含两部分:一部分是与被控设备相连接的接口电路,另一部分是输入和输出的映像寄存器。

输入单元接收来自用户设备的各种控制信号。外部接口电路将这些信号转换成 CPU 能够识别和处理的信号,并存到输入映像寄存器。运行时 CPU 从输入映像寄存器读取输入信息并结合其他元器件最新的信息,按照用户程序进行计算,将有关输出的最新计算结果放到输出映像寄存器。输出映像寄存器由输出点相对应的触发器组成。输出接口电路将其由弱电控制信号转换成现场需要的强电信号输出,以驱动电磁阀、接触器、指示灯等被控设备的执行元件。

2. 可编程控制器的分类

可编程控制器的种类很多,其实现的功能、内存容量、控制规模、外形等方面均存在较大的差异。可编程控制器的分类没有一个严格的统一标准,可以按照结构形式、控制规模、实现的功能进行大致分类。

(1)按结构形式分类

①整体式可编程控制器。整体式可编程控制器的 CPU、存储器、输入/输出安装在同一个机箱内。这种结构的特点是:结构简单,体积小,价格低,输入/输出路数固定,实现的功能和控制规模固定,灵活性较低。

②组合式可编程控制器。组合式可编程控制器为总线结构。其总线做成总线板,上面有若干个总线槽,每个总线槽上可安装一个可编程控制器模

块,不同的模块实现不同的功能。可编程控制器的 CPU、存储器和电源等做成一个模块,该模块在总线板上的安装位置一般来说是固定的,而且该模块也是构成组合式可编程控制器所必需的。其他的模块可根据可编程控制器的控制规模和实现的功能选取,安装在总线板的其他任一总线槽上。组合式可编程控制器安装完成后,需进行组态,使可编程控制器对安装在各总线槽上的模块进行识别。组合式可编程控制器的总线板又称为基板。组合式可编程控制器的特点是:系统构成灵活性较高,可构成具有不同控制规模和功能的可编程控制器,价格较高。

(2)按控制规模分类

①超小型可编程控制器。输入/输出点数在 64 点以下为超小型或微型可编程控制器,输入/输出的信号是开关量信号,实现功能以逻辑运算为主,并有计时和计数功能。结构紧凑,为整体结构。用户程序容量通常为 1～2KB。小型可编程控制器由整体结构向小型模块化结构发展,使配置更加灵活,为了市场需要已开发了各种简易、经济的超小型微型可编程控制器,最小配置的 I/O 点数为 8～16 点,适应单机及小型自动控制的需要。

②小型可编程控制器。输入/输出点数小于 256 点的为小型可编程控制器,其输入/输出点数在 64～256 之间,用户程序存储器容量在 2～4KB。其特点是体积小,结构紧凑,整个硬件融为一体,除了开关量 I/O 以外,还可以连接模拟量 I/O 以及其他各种特殊功能模块。它能执行包括逻辑运算、计时、计数、算术运算、数据处理和传送、通信连网以及各种应用指令。

③中型可编程控制器。中型可编程控制器的输入/输出点数在 256～512 点之间,兼有开关量和模拟量输入输出,用户程序存储器容量一般为 2～8KB。兼有开关量和模拟量输入/输出,I/O 的处理方式除了采用一般 PLC 通用的扫描处理方式外,还能在扫描用户程序的过程中,直接读输入,刷新输出。它可以连接各种特殊功能模块,它的控制功能和通信连网功能更强,指令系统更丰富,扫描速度更快,内存容量更大等。一般采用模块式结构形式。

④大型可编程控制器。大型可编程控制器的输入/输出点数在 512～8192 之间,用户程序存储器容量达 8～64KB。控制功能更完善,自诊断功能强,通信连网功能强,有各种通信连网的模块,可以构成三级通信网,实现工厂生产管理自动化。大型可编程控制器还可以采用三 CPU 构成表决式系统,使机器的可靠性更高。

⑤超大型可编程控制器。超大型可编程控制器的输入/输出点数在 8192 以上,用户程序器容量大于 64KB。目前已有 I/O 点数达 14336 点的超大型可编程控制器,使用 32 位微处理器,多 CPU 并行工作和大容量存储

器，功能很强大，采用模块式结构。

(3)按实现的功能分类

①低档机。具有逻辑运算、计时、计数、移位、自诊断、监控等基本功能，还具有一定的算术运算、数据传送和比较、通信、远程和模拟量处理功能。

②中档机。除具有低档机的功能外，还具有较强的算术运算、数据传送和比较、数据转换、远程、通信、子程序、中断处理和回路控制功能。

③高档机。除具有中档机的功能外，还具有带符号数的算术运算、矩阵运算、函数、表格、CRT 显示、打印机打印等功能。

一般地，低档机多为小型可编程控制器，采用整体式结构；中档机可为大、中、小型可编程控制器，其中小型可编程控制器多采用整体式结构，中型和大型可编程控制器采用组合式结构；高档机多为大型可编程控制器，采用组合式结构。目前，在国内工业控制中应用最广泛的是中、低档机。

7.3.3 可编程控制器的主要性能指标

可编程控制器的主要性能指标包括以下几个方面①。

1. 存储容量

系统程序存放在系统程序存储器中。这里说的存储容量是指用户程序存储器的容量，因为用户程序存储器的容量决定了可编程控制器可以容纳用户程序的长短。一般以字为单位来计算，每 1024 个字为 1K 字。中、小型可编程控制器的存储容量一般为几 K 字，大型可编程控制器的存储容量可达到几百 K 至几 M(1M=1024K)字。也有的可编程控制器用存放用户程序的指令条数来描述容量。

2. 输入/输出点数

I/O 点数即可编程控制器面板上的输入、输出端子的个数。I/O 点数越多，外部可接的输入器件和输出器件越多，控制规模就越大。因此，I/O 点数是衡量可编程控制器性能的重要指标之一。

3. 扫描速度

扫描速度是指可编程控制器执行用户程序的速度，是衡量可编程控制器性能的重要指标。一般以扫描 1 千字用户程序所需的时间来衡量扫描速度，通常以 ms/千字为单位。可编程控制器用户手册一般给出执行各条指

① 赵俊生，樊文欣，张保成，原霞. 电机与电气控制及 PLC. 北京：电子工业出版社，2009.

令所用的时间，可以通过比较各种可编程控制器执行相同的操作所用的时间来衡量扫描速度的快慢。

4. 编程指令的种类和条数

编程指令的种类和条数是衡量可编程控制器控制能力强弱的重要指标。编程指令的种类及条数越多，处理能力、控制能力就越强。

5. 内部元件的种类与数量

在编制可编程控制器程序时，需要用到大量的内部元件来存放变量、中间结果、保持数据、定时计数、模块设置和各种标志位等信息。这些元件的种类与数量越多，表示可编程控制器的存储和处理各种信息的能力越强。

6. 扩展能力

可编程控制器的扩展能力是衡量可编程控制器控制功能的重要指标。大部分可编程控制器可以用 I/O 扩展单元进行 I/O 点数的扩展，当前，多数可编程控制器可以使用各种特殊功能模块进行各种功能的扩展。

7. 特殊功能单元的数量

可编程控制器不但能完成开关量的逻辑控制，而且利用特殊功能单元可以完成模拟量控制、位置和速度控制以及通信连网等功能。特殊功能单元种类的多少和功能的强弱是衡量可编程控制器产品水平高低的一个重要指标。各个生产厂家都非常重视特殊功能单元的开发，特殊功能单元的种类日益增多，功能越来越强。

7.3.4　可编程控制器的应用研究

随着可编程控制器功能的不断完善，性价比逐渐提高，它的应用也越来越广。

从应用领域来看，可编程控制器渗透到产业界的每个角落，包括机械制造、纺织、造纸、采矿、钢铁、石油、化工、电力、船舶、汽车、建筑以及食品等行业。

从应用类型来看，可编程控制器主要应用于开关控制和顺序控制、过程控制、运动控制、数据处理、联锁系统和通信连网等方面。

下面讨论可编程控制器应用的两个具体实例。

1. 可编程控制器在石化行业中的应用

计算机与可编程控制器集成控制系统由生产系统和非生产系统两部分组成，如图 7-12 所示。通过计算机与可编程控制器集成控制系统，将润滑油厂的各生产车间、附属部门以及总厂联成了密不可分的整体，从而最大限度地利用了信息资源。

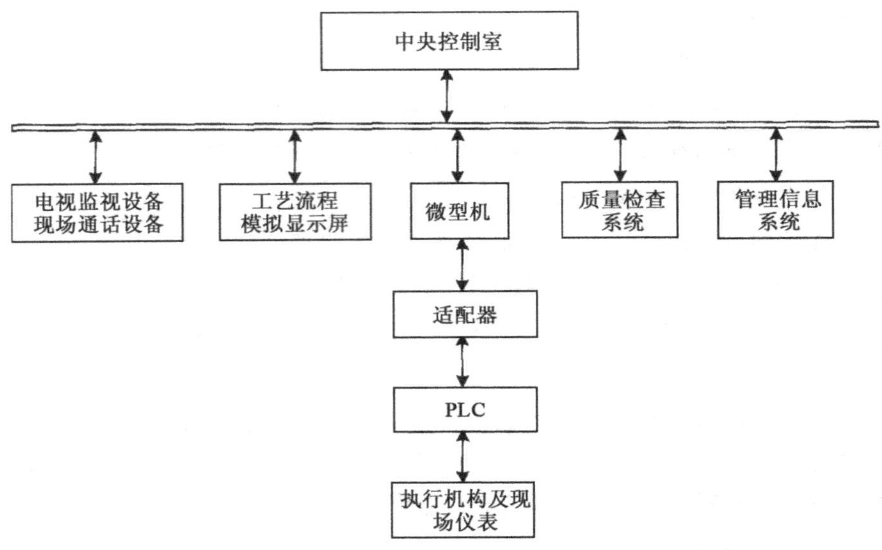

图 7-12 可编程控制器在石化行业中的应用

2. 可编程控制器在电源监控系统中的应用

电源监控是铁路信号的重要的监控系统。早期的信号电源监控基本上是采用单片机作为信号采集系统的核心。然而，单片机监控系统采集速度慢、界面不友好、操作不方便；又由于其中的电源模块部分的监控相对独立，对电源系统带来了诸多不便(如维护困难等)。因此，开发了基于可编程控制器作为信号的采集核心，触摸屏作为操作和监视界面的电源监控系统，如图 7-13 所示。

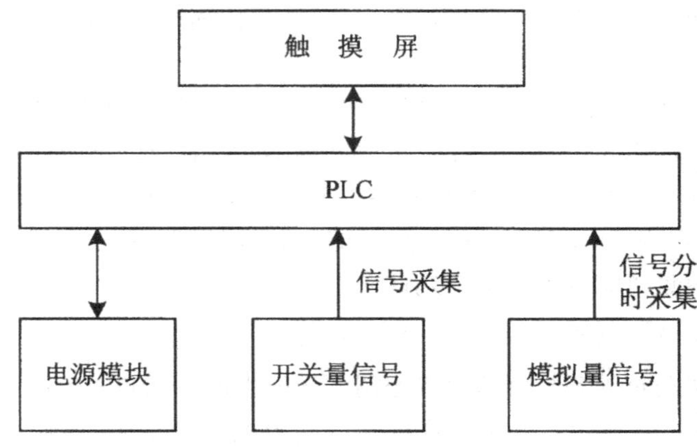

图 7-13 可编程控制器在电源监控系统中的应用

7.4　计算机控制系统中的抗干扰

7.4.1　干扰的分类方法

干扰的分类方法有很多，按照不同的方法可以分为不同的干扰类型。

按照干扰的传导模式不同，可分为串模干扰和共模干扰。

按照干扰的来源不同，可分为设备干扰、电源干扰和空间干扰。下面将主要讨论这三种干扰。

1. 设备干扰

设备干扰是指设备内部或设备之间产生的干扰。该类型的干扰包括：当有的电气设备漏电、接地系统不完善，或测量部件绝缘不好，都会使通道中串入共模电压或差模电压；各个通道的若干线路同用一根电缆或绑扎在一起，各路之间可能通过电磁感应而产生相互干扰，特别是交流220V电源线，极易在低于15V的测量通道中构成共模干扰或差模干扰。

2. 电源干扰

电源干扰是指来自供电电源的干扰。主要包括以下几种：

(1)噪声

供电电网和系统供电引接线，对于噪声而言有天线效应，所接收到的噪声会随供电电源侵入系统。

(2)尖峰

挂在同一供电电网上的大功率开关的通断，电焊机的使用，特别是挂有使用大功率晶闸管元件的设备，往往使电网上出现尖峰脉冲，其持续时间很短，但峰值可达2000V，有时甚至更高。

(3)浪涌

挂在同一供电电网上的大功率设备，特别是感性负载设备，如大功率电动机等，它们的起动或停止会造成电网电压的大幅度涨落，从而形成浪涌。工业电网的欠压与过压常常达到额定值的±15%以上，而且持续时间较长。

(4)断电

断电也是一种干扰，特别是电网调度高压切换中的瞬间断电，对工业控制计算机系统的干扰后果可能是很严重的。

3. 空间干扰

空间干扰包括以下几种：

(1)磁场干扰

如果系统的部分设备与某些能够产生磁场的电气设备相距过近，从而受其影响构成磁场干扰。磁场干扰的机理是电磁感应。

(2)静电和电场的干扰

系统的部分设备产生静电，或部分设备在某个电场之中受其影响构成干扰。

(3)电磁辐射干扰

电磁辐射干扰包括广播电台或通信发射台发出的电磁波；周围的电气设备如发射机、晶闸管逆变电源、变频调速装置等发出的干扰。自然界和气象条件也形成干扰，如太阳辐射电磁波、空中雷电造成的过电压或过电流所形成的干扰等。

以上这三种干扰中，以来自交流电源的干扰最为严重；其次为设备干扰，特别是来自通道的干扰；最后为来自空间的辐射干扰，因为它相对地不太突出，只要采取适当的屏蔽措施就可以获得比较满意的效果。

7.4.2 抗干扰的基本措施研究

在与干扰作斗争的过程中，人们积累了很多经验，有硬件措施，也有软件措施。如果硬件措施实施得当，可将绝大多数干扰拒之门外，但仍然有少数干扰会窜入控制系统，引起不良后果，故软件抗干扰措施作为第二道防线是必不可少的。由于软件抗干扰措施是以 CPU 的开销为代价的，所以如果没有硬件抗干扰措施消除绝大多数干扰，CPU 将疲于奔命，严重影响到系统的工作效率和实时性。因此，一个成功的抗干扰系统是由硬件和软件相结合构成的。硬件抗干扰效率高，但要增加系统的投资和设备的体积；软件抗干扰投资低，但会降低系统的工作效率。

下面将分别对以上两种措施进行讨论。

1. 抗干扰的硬件措施

(1)抗串模干扰的措施

串模干扰通常叠加在各种不平衡输入信号和输出信号上，往往通过供电线路窜入系统的。因此，抗干扰电路通常设置在这些干扰必经的路上。

①光电隔离。在输入和输出通道上，采用光电隔离器进行信息传输，它将控制系统与各种传感器、开关、执行机构从电气上隔离开来，这样，外部设

备和传感器的漏电等干扰将被阻挡。

②变压器隔离。脉冲变压器可实现数字信号的隔离。脉冲变压器的匝数较少，而且一次和二次绕组分别缠绕在铁氧磁体的两侧，分布电容仅几皮法，因此，可作为脉冲信号的隔离器件。

③过压保护电路。如果没有采用光电隔离措施，在输入输出通道上应采用一定的过电压保护措施，以防引入过高电压，侵害控制系统。过电压保护电路由限流电阻和稳压管组成，限流电阻选择要适宜，太大了会引起信号衰减，太小了起不到保护稳压管的作用。稳压管的选择也要适宜，其稳压值以略高于最高传送信号电压为宜，太低了对有效信号起限幅效果，使信号失真。对于微弱信号(0.2V以下)，通常用两只反并联的二极管来代替稳压管，同样也可以起到电压保护作用。

④硬件滤波电路。滤波是为了抑制噪声干扰，在数字电路中，当电路从一个状态转换成另一个状态时，就会在电源线上产生一个很大的尖峰电流，形成瞬变的噪声电压。当电路接通与断开电感负载时，产生的瞬变噪声干扰往往严重影响系统的正常工作。因此，在电源变压器的进线端加入电源滤波器，以消弱瞬变噪声的干扰。

(2)抗共模干扰的措施

共模干扰通常是针对平衡输入信号而言的，抗共模干扰的措施主要包括以下几种：

①控制系统的接地技术。在计算机控制系统中，通常是把模拟电子装置和数字电子装置的工作基准地浮空，而设备外壳或机箱采用屏蔽接地。计算机系统设备外壳或机箱采用屏蔽接地，无论是为了防止静电干扰和电磁感应干扰的角度，还是从人身设备的安全都是非常必要的。

浮地方式可使计算机系统不受大地电流的影响，提高了系统的抗干扰性能。由于强电设备大都采用保护接地，浮空技术切断了强电与弱电的联系，系统运行安全可靠。

②平衡对称输入。在设计信号源(通常是各类传感器)时，尽量做到平衡和对称，否则有可能产生附加的差模干扰，使后续电路不易对付。

③选用高质量的差动放大器。高质量差动放大器的特点为高增益、低噪声和宽频带等。由它构成的运算放大器将获得足够高的共模抑制比。

2.抗干扰的软件措施

(1)数字信号输入输出中的软件抗干扰措施

如果CPU工作正常，干扰只作用在系统的输入输出通道上，可用以下措施减少干扰对数字信号的输入输出影响：

①数字信号的输入方法。干扰信号多呈毛刺状，作用时间短，根据这一

特点，在采集某一数字信号时，可多次重复采样，直到连续两次或两次以上采集结果完全一致方为有效。若多次采集后，信号总是变化不定，可停止采集，给出报警信号。由于数字信号主要是来自各类开关型状态传感器，对这些信号的采集不能用多次平均法，必须绝对一致才行。

②数字信号输出方法。计算机的输出中，有很多是数字信号，如显示器、打印机等。即便是模拟输出信号，也是以数字信号形式给出的，经 D/A 转换后才形成的。计算机给出正确的数据输出后，外部干扰有可能使输出装置得到错误的数据。

不同的输出装置对于扰的耐受能力不同，抗干扰措施也不同。在软件上，最为有效的方法就是重复输出同一个数据。只要有可能，其重复周期尽可能短。外部设备接收到一个被干扰的错误信息后，还来不及作出有效的反应，一个正确的输出信息又传送到，因此可及时防止错误的动作产生。

(2)CPU 的抗干扰技术

前面所讨论的抗干扰措施是针对输入输出通道的，干扰还未作用到 CPU 本身。如果当干扰通过三总线等作用于 CPU 本身时，CPU 将不能按正常状态执行程序，从而引起混乱。如何发现 CPU 受到干扰，使系统的损失减小，并尽可能无扰动地恢复系统正常状态是 CPU 抗干扰技术所要研究的重点。

CPU 的抗干扰技术除指令冗余、设置软件陷阱外，主要是建立程序运行监视系统，即“看门狗”(WDT)技术。为了保证系统出故障后 WDT 电路工作，必须采取软硬件相结合的方法。由微控制器或微处理器内部定时器或外部定时器产生时钟中断。当系统出现故障，WDT 电路工作后，系统进入初始状态，如果 RAM 区内容没有丢失，要保留现在运行参数，必须跳过 RAM 区初始化程序。

7.5 计算机控制系统的设计研究

1. 计算机控制系统的设计原则

尽管计算机控制系统的对象各不相同，其设计方案和具体的技术指标也千变万化，但在系统的设计与实施过程中，仍有许多共同的设计原则。

(1)实时性强

实时性是工业控制系统最主要的特点之一，它要对内部和外部事件都能及时地响应，并在规定的时限内做出相应的处理。系统处理的事件一般有两类：一类是定时事件，如定时采样、运算处理等；另一类是随机事件，如出现事故后的报警、安全联锁等。对于定时事件，由系统内部设置的时钟保证定时处理；对于随机事件，系统应设置中断，根据故障的轻重缓急，预先分配中断级别，一旦事件发生，根据中断优先级别进行处理，保证最先处理紧急故障。

(2)通用性好

计算机控制系统的研制与开发需要一定的投资和周期。因此，在设计开发过程计算机控制系统时应尽量考虑能适应一些共性，采用积木式的模块化结构。在此基础上，再根据各种不同设备和不同控制对象的控制要求，灵活地构成系统。这样设计出的系统便于随时进行系统的扩充或改造，通用性好。特别是在针对某一行业或某一类装置开发具有某些特殊功能的计算机控制系统时，设计时就应考虑在该行业或该类装置上的通用性，以便系统建成后能迅速地推广。

(3)安全可靠

计算机控制系统中的计算机，尤其是直接与工业过程相连的计算机与一般用于科学计算或管理的计算机虽然在本质上并没有什么不同，但由于生产现场的恶劣环境、周围的各种干扰和不能间断进行的控制任务，对工业控制计算机在可靠性与安全性上的要求便远远高于一般的计算机。因为一旦计算机出现故障，控制系统将会瘫痪，轻者影响生产，造成产品质量不合格，重者则会造成人员和设备的事故。另一方面，由于过程控制的对象往往是连续工艺流程的一部分，一个系统的事故往往会引起前、后工序的联锁反应，最后导致整个生产线的失调。因此，在计算机控制系统的整个设计过程中，务必将可靠性放在首位。

(4)经济效益高

计算机控制系统除了满足生产工艺所必需的技术质量要求以外，也应该带来良好的经济效益。一方面，系统的性能价格比要尽可能的高，而投入产出比要尽可能的低，回收周期要尽可能地短；另一方面，还要从提高产品质量与产量、降低能耗、减少污染、改善劳动条件等经济、社会效益各方面进行综合评估，有可能是一个多目标优化问题。由于计算机技术发展迅速，在设计计算机控制系统时，还要有市场竞争意识，在尽量缩短设计研制周期的同时，要有一定的预见性。

(5)操作、维护与维修方便

操作方便主要体现在要求系统便于掌握、操作简单，而且显示画面直观形象。由于系统投运后将由操作工进行日常操作与维护，所以在考虑操作的先进性同时，还应兼顾操作工以往的操作习惯，使操作工容易掌握，而并不强求他们掌握计算机知识。另外，人机对话的操作也应简单明了，尽量采用图示与中文操作提示，热键设置不宜太多。对重要的参数要设置密码保护措施，增加系统的安全性操作的鲁棒性。

维修方便要从硬件和软件两个方面考虑，目的是易于查找故障、排除故障。硬件上宜采用标准的功能模板式结构，便于及时查找并更换故障模板。模板上还应安装工作状态指示灯和监测点，便于检修人员检查与维修。软件上应配备检测与诊断程序，用于查找故障源。必要时还应考虑设计容错程序，在出现故障时能保证系统的安全。

2. 计算机控制系统的设计步骤

计算机控制系统的软、硬件结构根据不同的对象会有所不同，但系统设计的步骤大体上相同，一般包括以下几个方面：

(1)确定测控任务

进行系统设计之前，首先要对控制对象进行深入调查、分析，熟悉工艺流程，了解具体的控制要求，确定系统所要完成的任务，包括系统要实现的功能、控制速度和精度、现场环境、完成设计的时间要求等。根据这些任务写好设计任务说明书，作为整个控制系统设计的依据。

(2)确定控制算法

工业生产过程中计算机控制系统控制效果的优劣，很重要的问题之一是由算法决定的。控制算法直接影响控制系统的调节品质，是决定整个系统性能指标优劣的关键。然而，由于控制系统种类繁多，所以控制算法也各不相同，每个控制系统都有一个特定的控制规律，并且有相应的控制算法。在进行系统设计时，究竟选择哪一种控制算法，主要取决于系统的特性和要求达到的控制性能指标。

在确定控制算法时，应注意所选定的控制算法要满足控制速度、控制精度和系统稳定性的要求。

(3)系统总体方案设计

当确定测控任务和控制算法后，就可以确定系统总体方案了。

①选择软、硬件组成方式。根据系统的价格和时间要求，选择适当的方式组成系统。在时间要求比较紧的情况下，尽量选购现成的软、硬件系统进行组合。值得注意的是，软、硬件工作比例的划分也将对系统的价格和实现时间产生重要的影响。

②选择系统总线。控制系统采用总线结构有很多优点。采用总线，可以简化硬件设计，用户根据需要直接选择符合总线标准的功能模板，而不需考虑模板插件之间的兼容问题，从而大大简化了系统的硬件设计。

③选择微处理器。微处理器的可靠性决定系统的可靠性。如民用品和工业用品的微处理器对环境及电气性能要求的区别很大，选择微处理器首

先考虑其可靠性。不同的微处理器，其字长、速度等都有差异。在价格相差不大的情况下，应选择字长较长、速度较高的微处理器，以适应工业控制系统实时控制的需求。

④选择外围接口电路。外围接口电路的性能直接影响系统的精度、速度和控制的可靠性，因此要根据控制系统的精度、速度要求选择接口电路。同时，还要根据现场环境条件，考虑电路设计的抗干扰措施，提高系统的可靠性能。

⑤可靠性设计。在计算机控制系统中，系统的可靠性至关重要，只有系统的高可靠性，才能确保系统的正常运行。可靠性设计采取的措施主要有硬件措施和软件措施，可靠性要求很高的系统，还应考虑双CPU或双机并行运行。

(4)硬件设计

当系统成本比较低或者控制功能比较特殊，而市场上又买不到现成的电路模板或模块时，可以自己设计相应的电路模板。

用于电路设计的计算机辅助设计软件多种多样，目前比较流行的有PROTEL等。用计算机辅助绘图不但走线均匀，易于修改，而且具有可移植性，可以减少很多重复劳动，同时也可以使技术文档管理由图纸式向电子式转化，方便管理和保存。

(5)软件设计

软件设计要根据系统总的设计要求，确定软件所要完成的各种功能及完成这些功能的逻辑和时序关系，并用软件流程图表述出来。

按软件流程图中不同的功能，分别设计相应的软件功能模块，如数据处理模块、模拟量输入模块、模拟量输出模块和键盘处理模块等。每一种模块都可以单独进行调试，各种模块分别调试好后，再按流程图逻辑和时序关系将它们正确连接、调试。

(6)系统调试

在计算机控制系统设计完成后，还要进行系统调试。

①硬件调试。硬件调试应按电路实现的功能分别进行调试。

②软件调试。首先编写与硬件调试对应的调试程序，配合硬件调试工作，待硬件调试完成后，再进行软件的总调试。

③现场调试。一台计算机控制系统在实验室调试好以后，就可以到现场进行安装并进行调试。在现场调试时，应注意接地、环境干扰等方面的问题。同时，通过现场调试，选择合理的调节参数，确保系统稳定运行，并达到设计的性能指标。现场调试需要丰富的经验，只有对生产现场进行深入的了解，不断完善设计方案，才能设计更好的计算机控制系统。

第 8 章　先进控制技术探究

目前先进控制技术(APC)正在迅速推广应用,并受到自动控制理论界的关注,成为自动控制理论研究的热点。本章将就一些先进控制技术进行研究。

8.1　解耦控制技术

解耦控制的实质就是设计一个计算网络,用它去抵消本来就存在于过程中的关联,以便进行独立的单回路控制。

8.1.1　解耦网络接入系统的方式

在过程控制系统中,解耦网络接入系统的方式主要有以下几种:

1. 与控制器相结合

解耦网络的结构与控制器相结合的方式,是一种比较常见的解耦结构,如图 8-1 所示。它的主要优点是不会加重主通道控制器的负担。

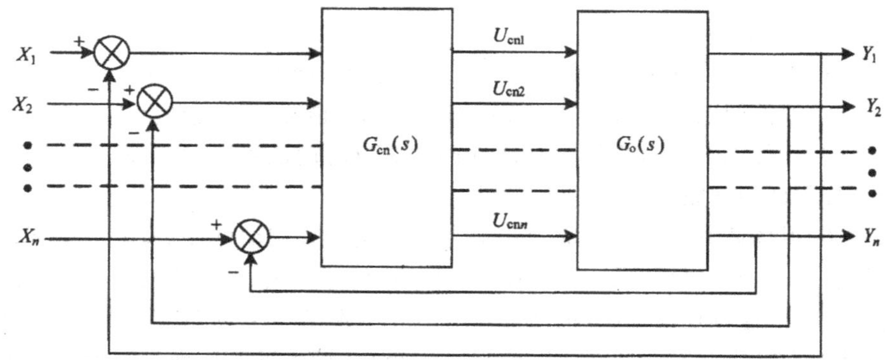

图 8-1　解耦网络与控制器相结合

2. 接在控制器之前

当解耦网络接在控制器之前时，它的结构 $N(s)$ 不仅与被控过程 $G_o(s)$ 有关，而且与控制器特性 $G_c(s)$ 有关，如图 8-2 所示。由于结构比较复杂，所以该接入方式在设计中应用较少。

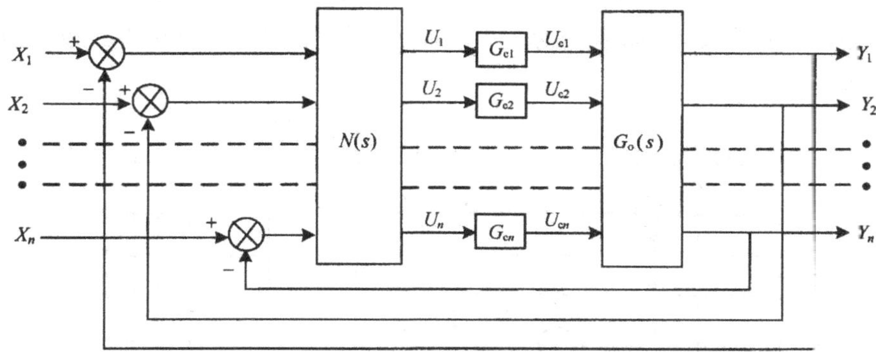

图 8-2　解耦网络接在控制器之前

3. 接在控制器与被控对象之间

将解耦网络接在控制器与被控对象之间是一种很好的解耦方式，如图 8-3 所示。它只与被控对象的特性有关，与控制器的特性无关，所以结构比较简单。

在这种解耦方式下，当控制器需要在线整定时，也不会影响系统的解耦特性，是工程上使用最普遍的一种解耦控制方式。

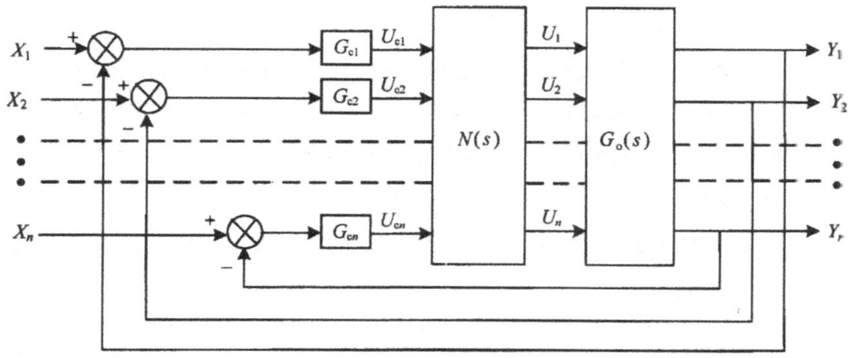

图 8-3　解耦网络接在控制器与被控对象之间

4.接在反馈通道上

将解耦网络接在反馈通道上的解耦方式，如图 8-4 所示。该方式不仅能实现耦合系统输出变量对输入变量的解耦，还能实现输出变量对扰动的解耦。

在过程控制中，抗扰问题是系统设计的核心问题之一，解耦网络接在反馈通道上的方式能提高系统的抗干扰性能，因而在过程控制中得到极大的重视。

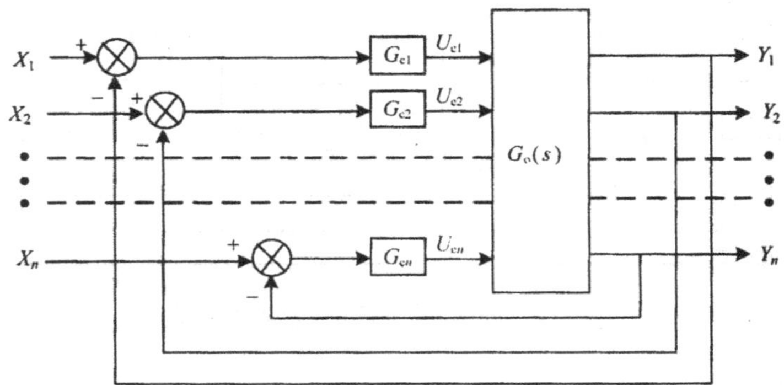

图 8-4　解耦网络接在反馈通道上

8.1.2　减少及消除耦合的方法研究

对于一个耦合系统，减少及消除耦合的方法通常有以下几种：

1.选择合理变量配对以减少耦合

对于一些耦合程度较低的系统可通过合理选择控制变量与被控变量的配对，使控制回路的关联达到最小，这是减少耦合最有效的方法。通常只在选择合理配对不能有效时，才考虑其他的解耦方法。

2.调整控制器参数以改变耦合程度

通过调整控制器参数，使两个控制回路的工作频率错开，使两个控制器的作用强弱不同。

例如，图 8-5 所示的压力和流量控制系统。若把压力作为主要的被控变量，使压力控制系统像通常一样整定；而把流量作为次要的被控变量，让流量控制系统的工作频率低一些，即比例度大一些，积分时间长一些。这样对压力控制系统而言，控制器的输出 u_1 对被控压力变量来说是明显的，而 u_1 引起的流量变化经另一控制器输出 u_2 对压力的效应将是相当微弱的，从而削弱了关联作用。

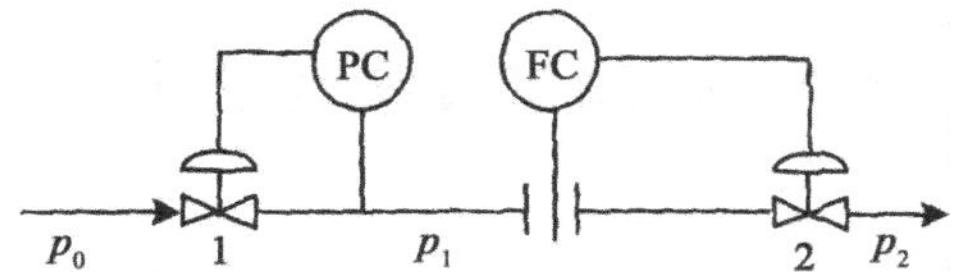

图 8-5 压力和流量控制系统

采用这种方法时，次要被控变量的控制品质往往较差。因此，在要求较高的场合一般不宜使用。

3. 减少控制回路以解决耦合

如果将第二种方法中次要回路控制器的比例系数取 ∞ ，则相当于这个控制回路不存在，那么它对主控制回路的关联作用也就消失了。

例如，在图 8-5 所示的压力和流量控制系统中，就可以取消次要控制回路。这样既可节约资源，又能可避免关联。但次要控制回路删除后，次要被控变量的波动范围可能很大，是否允许要看具体工艺要求而定。

4. 通过串联解耦装置以解决耦合

(1)前馈补偿解耦法

前馈补偿解耦法是最早用于多变量控制系统耦合的方法，它的基本思想是合理地选择好变量配对，其他变量看作是该通道的扰动，并按照前馈补偿的方法消除这种影响。它是根据前馈补偿的不变性原理来设计解耦网络的。

(2)对角矩阵解耦法

对角矩阵解耦法是使解耦装置的传递函数矩阵 $N(s)$ 与被控过程的传递函数矩阵 $G(s)$ 相乘成为一对角线矩阵 $G_A(s)$ ，从而消除多变量系统变量间的耦合关系。

(3)单位矩阵解耦法

单位矩阵解耦法是指解耦装置的传递函数矩阵 $N(s)$ 与被控过程的传递函数矩阵 $G(s)$ 相乘为单位矩阵。

通过以上几种方法中的任何一种都可以达到解耦的目的，但繁简程度有所不同。前馈补偿法和对角矩阵法具有相同的解耦效果，而应用前馈补偿法所需的解耦装置简单，解耦模型阶数低，且易于实现。应用单位矩阵法解耦，可以使广义被控过程的传递函数变为 1，不仅使被控量 1∶1 地快速跟踪控制量的变化，改善系统的动态性能，还可以提高系统的稳定性。但解耦装置的实现会比其他两种方法更为困难。

8.2 软测量技术及其应用

软测量技术是一门新兴的工业技术，所谓软测量技术是指能够测量的数据来推断出不能测量的数据信息的软件技术。目前，软测量作为先进控制技术的重要研究内容之一，已得到国内外众多学者及控制界人士的关注，并进行了一些应用技术的研究，特别是在化工反应过程和质量过程控制领域。

8.2.1 软测量系统结构

软测量技术先建立待测变量与其他一些可测或易测的过程变量之间的关系，通过对可测变量的检测、变换和计算，间接得到待测变量的估计值。

软测量模型的输出可作为过程控制系统状态变量或输出变量的估计值，送入控制装置，参与反馈控制。

软测量系统的基本结构[①]如图 8-6 所示。

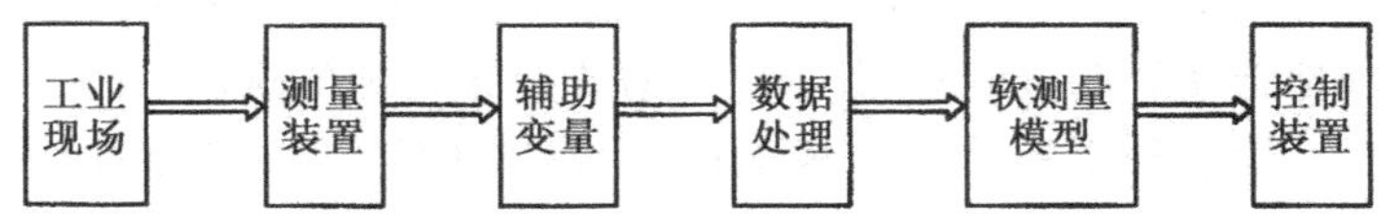

图 8-6 软测量系统的基本结构

8.2.2 软测量建模方法

软测量模型是软测量技术的核心。建立软测量模型属于建模的范畴，因此数学建模是软测量器的核心，软测量建模的方法多种多样，且具有各自的优缺点及适用范围，因而各种方法互有交叉和相互融合的趋势，很难进行全面的分类。下面针对软测量实践中应用比较成功的模型，讨论几种软测量建模方法。

① 张井岗．过程控制与自动化仪表．北京：北京大学出版社，2007．

1.基于回归分析的建模方法

回归分析的实质就是将工业过程的历史数据中包含的有关对象的大量信息进行浓缩、提取并从中获得所需的数学模型。根据所采用的数学方法的不同可分为线性回归方法和非线性回归方法。

(1)线性回归方法

线性回归方法的实质是实际对象函数关系在操作点附近忽略了其高阶项的一阶泰勒展开式。但是如果对象的非线性特性比较严重,或者对象的操作点变动范围比较大,泰勒表达式中的高阶项就不能被忽略了。此时线性回归方法建立的模型精度就会显著下降,就应该选用非线性回归方法。

(2)非线性回归方法

非线性回归方法主要使用基于人工神经网络(ANN)的方法。基于人工神经网络的软测量建模方法是近些年研究最多、发展很快和应用范围很广泛的一种软测量建模方法。它能适用于高度非线性和严重不确定性系统,为解决复杂系统过程参数的软测量问题提供了有效的途径。

2.基于机理分析的建模方法

机理模型是基于对被测对象的深刻认识,通过对被测对象的机理分析,找出不可测主导变量和可测辅助变量之间的关系,以数学表达式的形式进行计算。机理模型在生产过程中的推广能力很强,对工况变化较大时仍能较好地给出预测结果,表现出可解释性强、外推性能好的突出优势。

从理论上来说,机理模型是最精确的模型,然而它要求对被测对象的内部特性完全了解。由于实际工业过程机理的复杂性,往往难以完全通过机理分析得到软测量模型。因此,基于机理分析的方法建模非常困难,需要与其他方法配合使用。

3.基于模糊数学的软测量建模方法

模糊数学是模仿人脑逻辑思维特点而处理复杂系统的一种有效手段,在过程软测量建模中也得到了应用。

基于模糊数学软测量模型是一种知识性模型,特别适合应用于复杂工业过程中被测对象呈现不确定性、难以用常规数学定量描述的场合。在实际应用中,常将模糊技术和其他人工智能技术相结合构成模糊模式识别,从而提高软仪表的效能。

4.基于模式识别的软测量建模方法

模式识别是对表征事物或现象的各种形式的信息进行处理和分析,以对事物或现象进行描述、辨认、分类和解释的过程。

基于模式识别的软测量建模方法就是采用模式识别的方法对工业过程

的操作数据进行处理，从中提取系统的特征，构成以模式描述分类为基础的模式识别模型。

基于模式识别方法建立的软测量模型与传统的数学模型不同，它是一种以系统的输入、输出数据为基础，通过对系统特征提取而构成的模式描述模型。

该方法特别适用于缺乏系统先验知识的场合，可利用日常操作数据来实现软测量建模。在实际应用中，这种软测量建模方法常常和人工神经网络以及模糊技术等技术结合在一起使用。

5. 基于相关分析的软测量建模方法

基于相关分析的软测量建模方法是以随机过程中的相关分析理论为基础，利用两个或多个可测随机信号间的相关特性来实现某一参数的软测量方法。它采用的具体实现方法大多是互相关分析方法，即利用各辅助变量(随机信号)间的互相关函数特性来进行软测量。

目前，这种方法主要应用于难测流体(即采用常规测量仪表难以进行有效测量的流体)、流速或流量的在线测量和故障诊断等。

6. 基于现代非线性信息处理技术的软测量建模方法

基于现代非线性信息处理技术的软测量建模方法是利用易测过程信息，采用先进的信息处理技术，通过对所获信息的分析处理提取信号特征量，从而实现某一参数的在线检测或过程的状态识别。这种软测量技术的基本思想与基于相关分析的软测量技术相同，它们都是通过信号处理来解决软测量问题，所不同的是具体信息处理方法不同。该软测量建模方法的信息处理方法大多是各种先进的非线性信息处理技术，因此，适用于常规的信号处理手段难以适应的复杂工业系统。

相对而言，基于现代非线性信息处理技术的自动化软件软测量建模方法的发展较晚，研究也还比较分散。目前，主要应用于系统的故障诊断、状态检测和过失误差侦破等，并常常和模糊数学、人工神经网络等人工智能技术相结合。

8.2.3 软测量技术的应用领域

近几年，国内外科研人员在软测量研究上做出了大量的工作，使软测量技术在过程控制理论研究和实践中取得了广泛的成果。但是，目前其主要应用在以下几个领域：

1. 生物化学工程领域

用软测量技术来预测发酵过程的染菌状态，可以及时预报染菌情况，从而采取策略预防染菌事故发生。

2. 过程控制领域

过程控制领域是最早将软测量作为一门专门技术进行研究的领域之一，至今已取得显著的效果，成功地应用于精馏塔控制、造纸过程控制等领域。推断控制就是基于软测量方法提出的，目前，在为数不多的工业应月例子中，几乎都是基于软测量的推断控制，现今软测量技术应用呈现出迅速扩展的趋势。

3. 传感器领域

软测量技术是从日用产品设计需求中产生的，现已在该领域非常成熟。软传感技术与软测量技术本质上是一致的，只不过前者作为一种依赖程度较小的独立产品，从数据处理能力、处理方式与后者稍有不同。

软测量技术实际上是一种传感器实现技术，适用于一切能用可测输入与不可测输出关系模型描述的对象。软测量技术的发展是软件和硬件共同发展紧密结合的结果，集高速数据处理能力和直接传感器实体为一体的新一代传感器产品将会有更广阔的应用前景。

8.3　模型预测控制与自适应控制技术

8.3.1　模型预测控制及其算法

长期以来，工业部门在积寻求和实施各种各样的基于数学模型的先进控制方法。但是，实际的系统本身是复杂的，它们的阶次一般都比较高，难以得到精确的数学模型，而且往往表现出一定程度的非线性特性。为此，学术界及工业界的人士一直在努力寻找一种对数学模型依赖性不是很强的控制方法，预测控制正是在这一背景下发展起来的一种新型控制算法。

1. 预测控制的基本组成

预测控制主要由几部分组成，即预测模型、反馈校正、滚动优化和参考轨迹，其基本结构如图 8-7 所示。

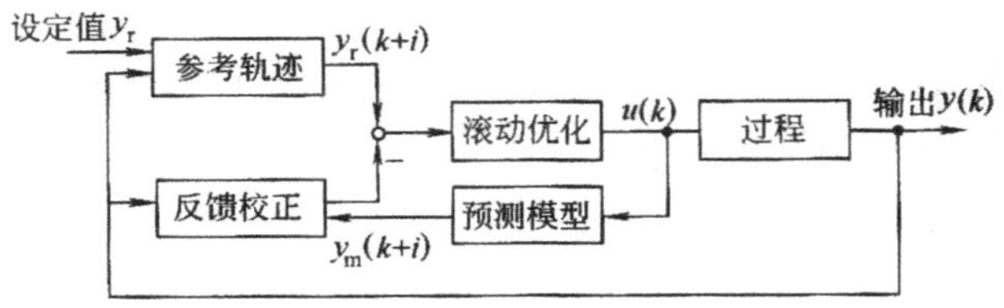

图 8-7　预测控制的基本结构

(1)预测模型

预测控制应具有预测功能,即能够根据系统的现时刻的控制输入以及过程的历史信息,预测过程输出的未来值,因此,需要一个描述系统动态行为的模型作为预测模型。

在预测控制中的各种不同算法,采用不同类型的预测模型,如最基本的模型算法控制(MAC)采用的是系统的单位脉冲响应曲线,而动态矩阵控制(DMC)采用的是系统的阶跃响应曲线。这两者模型互相之间可以转换,且都属于非参数模型,在实际的工业过程中比较容易通过实验测得,不必进行复杂的数据处理,尽管精度不是很高,但数据冗余量大,使其抗干扰能力较强。

预测模型具有展示过程未来动态行为的功能,这样就可像在系统仿真时那样,任意的给出未来控制策略,观察过程不同控制策略下的输出变化,从而为比较这些控制策略的优劣提供了基础。

(2)反馈校正

在预测控制中,采用预测模型进行过程输出值的预估只是一种理想的方式,在实际过程中,由于存在非线性、模型失配和干扰等不确定因素,使基于模型的预测不可能准确地与实际相符。因此,在预测控制中,通过输出的测量值 $y(k)$ 与模型的预估值 $y_m(k)$ 进行比较,得出模型的预测误差,再利用模型预测误差来对模型的预测值进行修正。

由于对模型施加了反馈校正的过程,使预测控制具有很强的抗扰动和克服系统不确定性的能力。预测控制中不仅基于模型,而且利用了反馈信息,因此预测控制是一种闭环优化控制算法。

(3)滚动优化

预测控制是一种优化控制算法,需要通过某一性能指标的最优化来确定未来的控制作用。这一性能指标还涉及到过程未来的行为,它是根据预测模型由未来的控制策略决定的。

但预测控制中的优化与通常的离散最优控制算法不同,它不是采用一个不变的全局最优目标,而是采用滚动式的有限时域优化策略。即优化过程不是一次离线完成的，而是反复在线进行的。在每一采样时刻，优化性能指标只涉及从该时刻起到未来有限的时间，而到下一个采样时刻，这一优化时段会同时向前。所以，预测控制不是用一个对全局相同的优化性能指标，而是在每一个时刻有一个相对于该时刻的局部优化性能指标。

(4)参考轨迹

在预测控制中，考虑到过程的动态特性，为了使过程避免出现输入和输出的急剧变化，往往要求过程输出 $y(k)$ 沿着一条期望的、平缓的曲线达到设定值 r 。这条曲线通常称为参考轨迹 y_r 。它是设定值经过在线"柔化"后的产物。

参考轨迹常采用从现在时刻实际输出值 $y(k)$ 出发的一阶指数变化形式，y_r 在未来 $k+i$ 时刻的数值可写为

$$\begin{cases} y_r(k+i)=\alpha^i y(k)+(1-\alpha^i)r \\ y_r(k)=y(k) \end{cases} \tag{8-1}$$

式中，$\alpha=e^{-T/\tau}$ ；T 为采样周期；τ 为参考轨迹的时间常数；$y(k)$ 为现时刻过程的输出，当 $r=y(k)$ ，则对应着镇定问题。

从上式可以看出，采用这种形式的参考轨迹，将减小过量的控制作用，使系统的输出能平滑地达到设定值。显然，τ 越大，则 α 越大，系统越平滑，即系统的"柔性"越好，稳健性也越强，但是参考轨迹不能很快地达到设定值 τ，即控制的快速性变差。因此，α 是预测控制中的一个重要设计参数，它对闭环系统的动态特性和稳健性都有重要作用，应在兼顾快速性和稳健性的原则下预先设计和在线调整它的值。

将上述四个组成部分与过程对象连成整体，就构成了基于模型的预测控制系统，如图 8-7 所示。

2. 预测控制的基本算法

目前，预测控制的算法有几十种，其中具有代表性的主要有模型算法控制(MAC)、动态矩阵控制(DMC)和广义预测控制(GPC)等。

(1)模型算法控制

模型算法控制的原理结构图与图 8-7 相似。模型算法控制的结构包括四个计算环节，即内部模型、反馈校正、滚动优化及参考轨迹。

这种算法的基本思想为：首先预测对象未来的输出状态，再以此来确定当前时刻的控制动作，即先预测再控制。由于它具有一定的预测性，使得它明显优于传统的先输出后反馈再控制的 PID 控制系统。

模型算法控制的具体算法很多，有单步模型算法控制、多步模型算法控制、单值模型算法控制和增量型模型算法控制等，这里不再详述。

(2)动态矩阵控制

动态矩阵控制与模型算法控制的不同之处在于内部模型上。该算法采用的是工程上易于测取的对象阶跃响应做模型。其算法较简单,计算量少且鲁棒性强,在石化工业中得到了广泛的应用。

(3)广义预测控制

广义预测控制是在前面几种预测算法的基础上,引入了自适应控制的思想。一般的预测控制算法主要通过反馈来补偿系统误差,再加上滚动优化技术,使模型能对因时变、干扰等造成的影响及时进行补偿。但这种说法是相对的,如果内部模型的准确性很差,则仍会对系统的稳定性造成严重的影响。广义预测控制就是面向此类问题的解决方案。

8.3.2 自适应控制的原理及分类

要成功地设计一个性能良好的控制系统,不论是通常的反馈控制或是最优控制系统,都要掌握被控过程的数学模型。然而,实际上有一些被控对象或过程的数学模型难以确知,或者它们的数学模型存在时变不确定特性。对于这类对象,使用常规控制往往难以取得良好的控制效果。自适应控制就是为了解决此类问题而发展起来的一种高级控制方法。

1. 自适应控制的原理

自适应控制①指的是能适应环境条件和过程参数的变化,并根据这些变化自行调整控制算法的控制。它能够通过设定的控制策略来调整系统特性以适应对象动态特性变化和内外界扰动对整个系统的影响。

自适应控制研究的对象是具有一定程度不确定性的系统,即描述被控对象及其环境的数学模型不是完全确定的,其中包含一些时变因素、未知因素和随机因素。任何一个实际系统都具有不同程度的不确定性。从系统内部来讲,设计者事先并不一定能准确知道描述被控对象的数学模型的结构和参数。作为外部环境对系统的影响,一般可以等效地用系统扰动来表示。这些扰动通常是不可预测的并且可能是随机的。此外,还有一些测量时产生的不确定性因素进入系统。面对这些客观存在的各式各样的不确定性,如何设计适当的控制策略,使得系统能够达到某一指定的性能指标并保持最优、近似最优或某种程度的满意,这就是自适应控制所要研究解决的问题。

---

① 严爱军,张亚庭,高学金.过程控制系统.北京:北京工业大学出版社,2010.

一个自适应控制系统应该能够搜集、读取被控对象当前状态的连续信息，也就是要辨识对象，并用当前系统的性能与期望的或最优的性能相比较，以做出使系统趋向期望的或最优的决策。此外，它必须对控制器进行适当的修正以驱使系统走向最优状态。

由此可见，自适应控制系统必须包含两大基本功能：辨识被控对象的结构和参数或性能指标的变化，以便精确地建立被控对象的数学模型，或当前的实际性能指标；能够在此基础上自动调整原有的控制算法。

2. 自动控制系统的分类

根据自适应控制的设计原理和结构的不同，可以将自适应控制系统分为以下几类：

(1)变增益自适应控制系统

变增益自适应控制系统如图 8-8 所示。

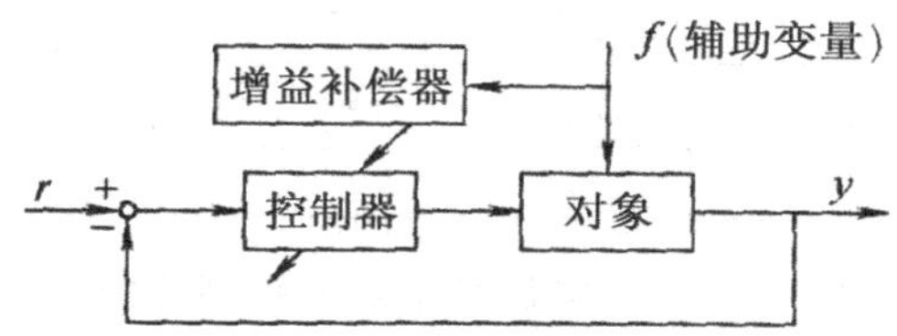

图 8-8　变增益自适应控制系统

变增益自适应控制系统的工作原理是根据能测量到的系统辅助变量 f，直接查找预先设计好的表格来选择控制器的增益，以补偿系统受环境等条件变化而造成对象参数变化的影响。这种方法的关键是找出影响对象参数变化的辅助变量，并设计好辅助变量与最佳控制器增益的有关表格。

变增益自适应控制系统的结构最为简单，且动作迅速，但其参数补偿是按开环控制的方式进行的，其缺点是不存在对不相关参数的反馈补偿。

(2)模型参考自适应控制系统

模型参考自适应控制系统如图 8-9 所示。

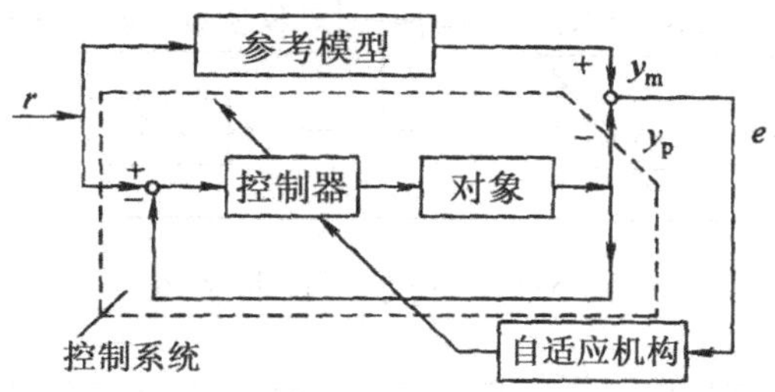

图 8-9　模型参考自适应控制系统

图 8-9 中,参考模型表示控制系统的性能要求,虚线框内表示控制系统。参考模型与控制系统并联运行,接受相同的设定信号 r,它们输出信号的差值 $e = y_m - y_p$,经过自适应机构来调整控制器的参数,直至使控制系统性能接近或等于参考模型规定的性能。

在模型参考自适应控制系统中,不需要专门的在线辨识装置。用来更新控制系统参数的依据是相对于理想参考模型的广义误差 $e(t)$ 。参考模型与控制系统的模型可以用系统的传递函数、微分方程、输入/输出方程或系统的状态方程来表示。这类控制系统研究的主要问题在于设计一个稳定的、具有较高性能的自适应算法。

(3)直接优化目标函数的自适应控制系统

直接优化目标函数的自适应控制系统的结构原理图如图 8-10 所示。

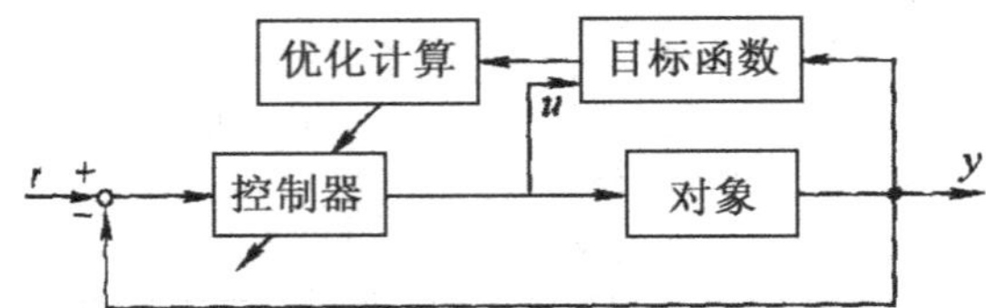

图 8-10　直接优化目标函数的自适应控制系统

该系统选择某个指定的目标函数为

$$J(\eta) = E\{f[y(t,\eta), u(t,\eta)]\} \tag{8-2}$$

式中,y 为输出;u 为控制信号;η 为控制器的可调参数向量;E 表示取数学期望。

在系统运行过程中不断地求取上述目标函数的最小值,可采用随机逼近法找到可调参数向量 η,使得当系统的对象参数发生变化时,仍可运行在最佳状态。这是一种更为直接、明了的设计方案。

(4)自校正控制系统

自校正控制系统的结构原理图如图 8-11 所示。

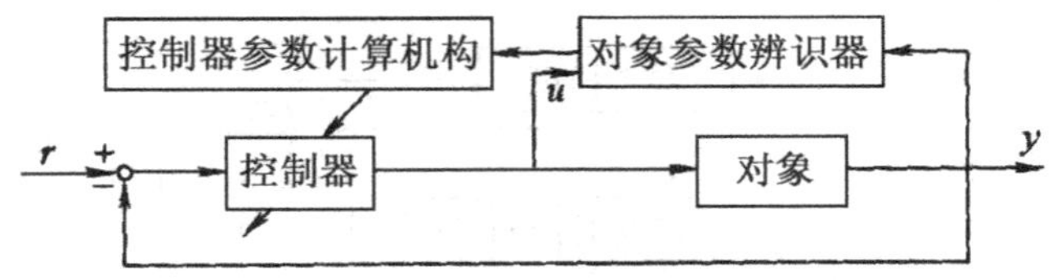

图 8-11　自校正控制系统

该系统是在原有控制系统的基础上,增加了一个外回路。它由对象参数辨识器和控制器参数计算机构组成。对象的输入信号 u 和输出信号 y 送入对象参数辨识器，在线辨识出时变对象的数学模型，控制器参数计算机构根据辨识结果设计计算自校正控制律和修改控制器参数，在对象参数受到扰动而发生变化时，控制系统性能仍保持或接近最优状态。这种系统应用较多。

8.4　智能控制与稳态优化控制技术

8.4.1　典型的智能控制技术

智能控制是一个新兴的学科领域，它是控制理论发展的高级阶段，主要用来解决那些用传统方法难以解决的复杂系统的控制问题。

智能控制属于多学科的交叉范畴，其内容十分广泛，目前仍处于发展初期阶段，还未能建立起一个完整的理论体系，因此要系统地讨论其理论内容为时尚早。对于已经发展起来的智能控制系统，目前最主要的有三种形式：模糊控制、专家控制和人工神经网络控制。

1. 模糊控制

模糊控制理论是以模糊数学为基础，用语言规则表示方法，由模糊推理进行决策的一种策略，它是由美国自动控制理论专家 L. A. Zadeh 教授于 1965 年提出的。1974 年，英国的一位教授及其同事首次将模糊推理成功应用于蒸汽机控制。此后，模糊控制理论及其模糊控制系统迅速发展，充分展示出模糊理论在控制领域具有很好的应用前景。

(1)模糊控制系统的组成

模糊控制系统通常由模糊控制器、输入输出接口、执行机构、测量装置和被控对象等五部分组成，如图 8-12 所示。

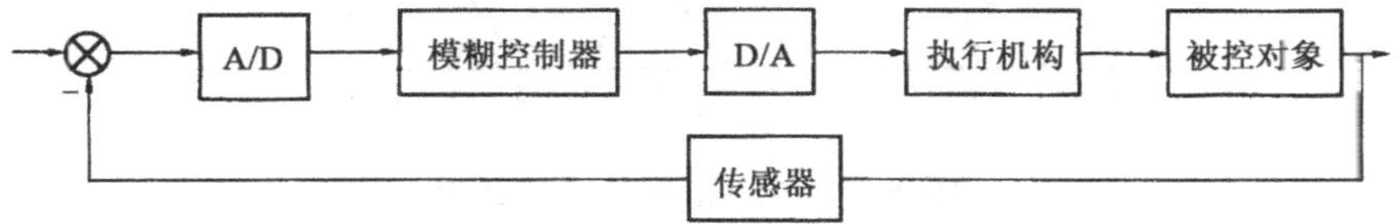

图 8-12　模糊控制系统的组成

模糊控制系统与计算机数字控制系统的主要区别是采用了模糊控制器。模糊控制器是模糊控制系统的核心，一个模糊系统的性能优劣，主要取决于模糊控制器的结构、模糊规则、推理算法以及模糊决策的方法等因素。

模糊控制器主要包括模糊化、知识库、模糊推理、精确化等四个部分，如图 8-13 所示。

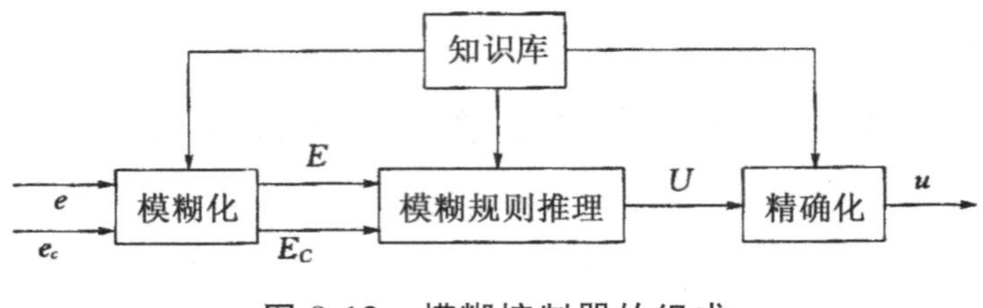

图 8-13　模糊控制器的组成

下面分别讨论模糊控制器的各个组成部分。

①模糊化。模糊化模块的功能是将一个精确的输入量转换为模糊语言变量，即根据定义在输入变量论域上的隶属度函数找出其属于的隶属度，从而将其转换为一个模糊变量。

在实际控制过程中，把一个物理量定义为“正大”PB、“正中”PM、“正小”PS、“零”ZO、“负小”NS、“负中”NM、“负大”NB 七级，每一个语言变量值都对应一个模糊子集。首先确定模糊子集的隶属度函数 $\mu()$ ，才能进行模糊化。由于三角形或梯形隶属度函数形状简单，计算工作量小，因此在实际工程中通常采用它们。

图 8-14 给出了隶属度函数为三角形的情况，据此可以计算出任意输入变量属于七个模糊集合的隶属度函数。

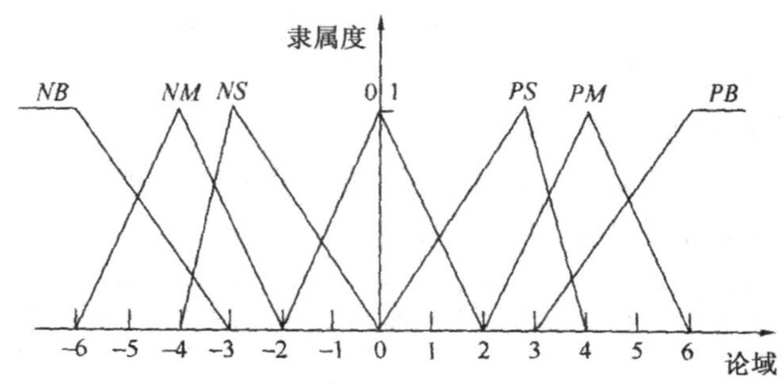

图 8-14　三角形隶属度函数

②知识库。知识库是由数据库和规则库组成的。数据库包含与模糊控制规则及模糊数据处理相关的各种参数，如量化因子、输入输出空间的模糊

划分和隶属度函数的选择。规则库存放全部模糊控制规则，通常由一系列 IF-THEN 形式的模糊条件句构成。控制规则是 E、EC 和 U 表示的一系列规则，它们是人们在生产过程中的经验总结。

③模糊规则推理。在模糊控制器中，模糊推理模块的功能是根据输入模糊量和知识库（数据库、规则库）求解模糊关系方程，从而获得模糊控制量。

④精确化（非模糊化或去模糊化）。精确化是将模糊推理所得到的语言表述形式的模糊量变换为用于控制的精确数值。它首先将模糊的控制量经精确化变换为表示在论域范围的精确量，再经过尺度变换变为实际的控制量。也就是根据输出模糊子集的隶属度计算出确定的输出数据值。

精确化的方法较多，其中最简单的一种方法是最大隶属度法，即选择隶属度函数值最大的那个作为系统的精确输出。而在控制技术中目前最常用的是加权平均法，计算公式为

$$u = \frac{\sum f(Z_i) * z_i}{\sum f(Z_i)} \tag{8-3}$$

式中，$f(Z_i)$ 为某个规则结论的隶属度值。

如果是连续变量，则要用积分形式来表示。

选择精确化的方法，要注意考虑隶属度函数的形状及所采用的规则推理方式等因素。

(2)模糊控制的方法

①查表法。查表法是最简单的，同时也是应用最为广泛的一种方法。所谓查表法就是将输入量的隶属度函数、模糊规则推理和输出量的精确化都通过查表的方式来实现。模糊化表、模糊规则推理表和精确化表都是离线产生的，为了进一步简化还可以通过离线计算将这三种表合并成一个模糊控制表。

②硬件模糊控制器。硬件模糊控制器是用硬件的方式来实现上述模糊控制器的功能，如制成专用的模糊控制芯片。它具有速度快、控制精度高等优点，但其价格仍较为昂贵。

③软件模糊推理法。软件模糊推理法就是将模糊化、模糊规则推理及精确化的过程用软件的方式来实现。

2. 专家控制

专家控制是智能控制的主要研究内容之一，它将控制理论与人工智能技术相结合，为控制系统的设计提供了一个新的思路。

与传统控制系统相比，专家控制系统利用先验知识和实时信息，具有实

时推理和决策的能力，能对非线性、时变系统和易受干扰的受控过程给出有效的控制策略，并通过增加知识量来不断改善控制系统的性能。专家控制系统特别适合系统运行环境频繁或剧烈变化，在有限时间内必须做出决策，需要专家经验或采用逻辑推理来解决问题的场合，或没有精确的数学模型的过程，以及用常规算法难以保证控制精度的复杂问题。

专家控制系统的优点是通过使用基于知识结构的启发式逻辑，比常规控制系统更加灵活，更容易适应变化的情况。

(1)专家控制系统的结构

专家控制系统的一般结构如图 8-15 所示。

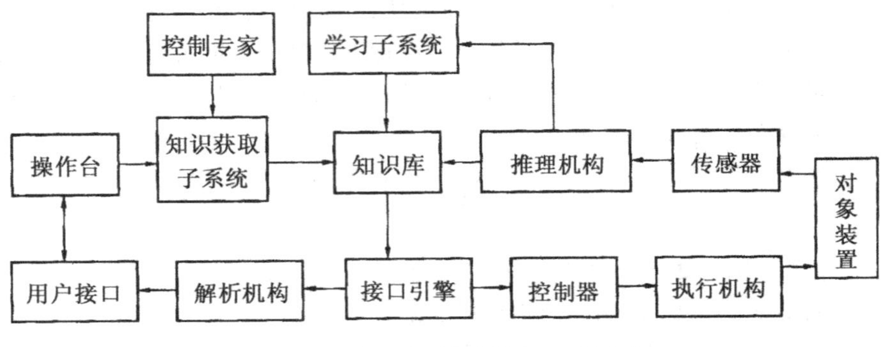

图 8-15　专家控制系统的一般结构

专家控制系统的结构一般有两个主要特点：

①知识库可以分别由定量知识与定性知识构造。数值算法位于知识库的底层，直接与控制器连接，以便得到快速的响应。而作为推理规则来源的各种定性知识处于较高的层次，实现以启发式规则推理为主的控制功能。

②用户可以通过知识获取子系统直接地与知识库交互，进而间接地与数值算法进行交互，达到对控制系统进行离线修改和在线的监督干预。

(2)专家控制的方法

①基于规则的专家自整定控制。常规控制器的参数由控制工程师和操作员来确定，以 IF-THEN-ELSE 规则形式储存在知识库。当系统运行时，通过辨识器获取过程的特征行为。推理机构根据调整规则按照特征分类模式自动地调整控制器的参数，使系统的性能得到提高。

②专家监督控制。专家监督控制系统通常包括一个含有信号处理和常规控制算法的直接控制层，以及一个含有知识库和推理机构的监督层，用来在线进行性能检测、故障诊断。监督控制更注重于对系统的监督、目标优化、故障分析和诊断、紧急情况处理。

③混合型专家控制。混合型专家控制系统是一种复合式的智能控制系统，它应用多层递阶结构，综合各种技术，包括专家系统、模糊逻辑、模式识别和人工神经网络等。由于知识来源多样化，混合型专家控制系统大多采用黑板式结构。这种结构可以容纳各式各样的知识，用户可以在任何知识源中存储或读取信息。

混合型专家控制系统通过综合运用各种技术，最大限度地提高系统性能。例如，某个基于规则的方法只能够处理某些领域固定的问题，而一个人工神经网络由于具备并行处理和在线学习的能力具备了解决问题的灵活性。这样，在一定条件下把专家系统技术和人工神经网络结合可以获得更好的控制效果。

④仿人智能控制。仿人智能控制方法的基本原理是模仿人的启发式直觉推理逻辑，即通过特征辨识判断系统当前所处的状态，确定控制策略。这种仿人智能控制的研究和专家控制有着密切的联系，通常将其归为专家控制的一个方向。

仿人智能控制拥有分层的信息处理和决策机构，具有在线特征辨识和特征记忆的功能，运用启发式直觉推理逻辑，使用建立在经典控制理论基础上的多模态控制方法，实现对控制对象的仿人智能化控制，在很大程度上体现了专家控制的思想。

仿人智能控制的主要研究目标不是被控对象，而是控制器本身，研究控制器的结构和功能，即如何更好地模拟控制专家大脑功能和行为功能。仿人智能控制器的研究从分层递阶智能控制系统的最低层次入手，直接对人的控制经验、技巧和各种直觉推理逻辑进行分析、概括和提炼，编制成各种简单实用、控制精度高、能实时运行的控制算法，用于实际控制系统。

3.人工神经网络控制

20 世纪 80 年代，人工神经网络控制产生并作为智能控制的一个分支得以发展，它是人工神经网络与控制理论相结合的产物。由于人工神经网络具有非线性、自学习和自适应特性，能够通过学习获得一个复杂非线性对象的未知特征，并将得到的经验用于新的估计、分类、决策和控制，从而改善系统性能。所以，神经元网络作为一种基本上不依赖于模型的控制方法，比较适用于那些具有不确定性或高度非线性的控制对象，并具有较强的适应和学习功能，因此属于智能控制的范畴。

(1)人工神经网络结构

人工神经网络是一个并行和分布式的信息处理网络结构，该网络结构一般由多个神经元组成，每个神经元有一个单一的输出，它可以连接到多个其他的神经元，输入有多个连接通路，每个连接通路对应一个连接权系数。

人工神经网络中每个节点(每一个神经元模型)都有一个状态变量 x_j ;从节点 i 到节点 j 有一个连接权系数 ω_{ji} ;每个节点都有一个阈值 θ_j 和一个变换函数 $f\left(\sum\omega_{ji}x_j-\theta_j\right)$ 。

图 8-16 为两个典型的人工神经网络结构,图 8-16(a)为前馈型人工神经网络,图 8-16(b)为反馈型人工神经网络。

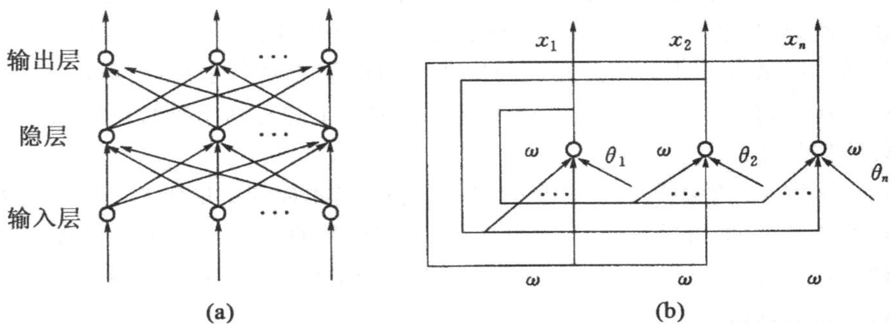

图 8-16 典型的人工神经网络结构

(2)常用的人工神经网络

人工神经网络是生物神经网络的一种模拟和近似。它主要从两个方面加以模拟:一种是从结构和实现机理方面进行模拟,另一种是从功能上加以模拟,也就是尽量使人工神经网络具有生物神经网络的某些功能特性,如学习、识别等。

由于生物神经网络的结构和机理相当复杂,目前第一种模拟方式离实现还有很大的差距。这里将主要讨论第二种模拟方式中两种比较常用的人工神经网络。

①反向传播(Back Propagation,BP)网络。从结构上和信号的传输方向看,反向传播网络是一种多层前向网络,如图 8-16(a)所示。它由若干层构成,包括输入层、隐层(可有多个)和输出层。它的输入、输出量是在 0 到 1 之间变化的连续量,可以实现从输入到输出的任意非线性映射。

由于连接权的调整采用误差修正反向传播(Back Propagation)的学习算法,所以该网络称为反向传播网络。误差修正反向传播学习算法也称为监督学习,它需要搜集一批正确的输入输出数据对(训练样本),在将输入数据加载到网络输入端后,把人工神经网络的实际响应输出与期望的正确输出相比较得到偏差,接着根据偏差情况修正各连接权的值,以使网络朝着正确响应的方向不断变化下去,直到实际响应的输出与期望的输出之间的偏差落在允许的误差范围之内。

反向传播网络能够实现输入输出的非线性映射关系且不依赖于模型。其输入与输出的关联信息存储于连接权中。由于连接权的个数很多，个别神经元的损坏只对输入输出关系有较小的影响，因此反向传播网络具有较好的容错性。对于控制方面的应用，反向传播网络具有良好的逼近特性和较强的泛化能力。反向传播网络最大的缺点就是其收敛速度慢，所以难以满足实时控制的要求。

②径向基函数(Radical Basis Function，RBF)网络。径向基函数网络如图 8-16(b)所示，它在结构上很像反向传播网络，但它只有相当于隐层的一层，而且节点的激发函数是径向基函数 $\varphi\| I-I_i \|$ 。其中 I 是输入，I_i 是该径向基函数的中心。在各种径向基函数中，高斯函数用得最多。

径向基函数网络也有很好的非线性函数逼近能力，并且学习比较简捷，单输出径向基函数网络的输出是

$$y=\sum_{i=0}^{N}\lambda_1 g_{\sigma i}(\| I-I_i \|), \quad I=[i_1,i_2,i_3,\cdots,i_N] \tag{8-4}$$

当采用高斯函数网络时，I_i 是 N 个脉冲函数的 $\exp[-(I-I_i)^2/\sigma]$ 的中心，网络的输出 y 由 N 个脉冲函数组成，外部输入向量 I 越靠近那个中心 I_i，该脉冲函数对输出的影响就越大，反之，与中心距离较远时，该脉冲函数对输出的影响就越小，所以只要部分网络参数就可以决定网络的输出，从而参数的确定就要简单得多。正是基于这一原因，径向基函数网络被称为局部模型，而反向传播网络则称为全局模型。但径向基函数网络的泛化能力要比反向传播网络差。

8.4.2　稳态优化控制技术

稳态优化控制是工业过程控制中常用的一种自动化技术。长期处于稳态工况的化工、冶金、石油、电力以及制药等某些轻工业领域，其工业过程稳态优化与控制有着广泛的实际应用背景。工业过程稳态优化控制已成为自动化学科中的一个专门分支，国内外许多专家学者和现场工程技术人员为此做了大量工作，并取得了一系列应用成果和很高的经济效益。

1. 基于传统模型的稳态优化方法

这类方法的基础是传统意义上的过程数学模型。这种模型关于过程变量通常具有显式的函数表达形式。易于通过数学手段方便地进行处理。对于大规模稳态优化问题，此类方法通常可以分为两种，即分解协调方法和整体优化方法。

(1)分解协调方法

分解协调方法起源于 1960 年 Dantzig-Wolfe 对线性规划的分解算法，实际上就是大型数学规划问题的分解求解。工业过程的稳态分解协调优化方法的发展经历了静态优化、稳态递阶优化、系统优化与参数估计集成方法、广义稳态优化和智能稳态优化控制等几个阶段。应用到过程优化领域时，较早的理论称为稳态多级系统理论，采用模型协调法和目标协调法，通过协调平衡了过程间的关联，达到全局最优。由于没有考虑利用现场数据，只是简单地认为模型是完全准确的，因此利用这种方法难以克服模型和实际过程的不一致性。

由于根据模型求解得到的是开环最优解，没有反映真实过程的特性变化，波兰学者 Findeisen 等人提出了稳态递阶控制。为了克服模型与过程的失配，从实际过程中提取关联变量，引入全局反馈和局部反馈给协调层，进行迭代协调，得到系统的次优解。然而这样的次优解究竟偏离真实最优解多少，难以作出估计。

(2)整体优化方法

整体优化(又称集中优化或全局优化)是指将整个工艺流程建立一个统一的数学模型，然后进行优化计算。这样一个整体模型包括了整个流程拓扑和单元操作模型，这是解决在线优化命题的一种理想方法。

整体优化的最大优点是得到的解是整体意义上的最优解。然而对于越来越复杂的大规模问题，实时最优解很难找到。而随着计算机技术的飞速发展，大规模非线性系统优化技术以及基于开放式方程流程模拟与优化技术的日趋成熟，并且计算速度及优化算法方面都有了突飞猛进的发展，优化方法有了新的突破。如带约束最优化算法提出了 SQP、GRG 等算法。很多应用软件公司开始转向基于严格机理模型的整体优化研究。

目前，国际上倾向于直接对整个流程建立联立的方程，利用先进的寻优算法进行在线寻优计算，并且有成功计算的报道。但由于采用的是基于过程机理和严格物性计算的精确数学模型，因而往往具有很高的维数，模型的精度也难以得到保证，很容易因系统中的一处出现问题而导致全局的失败，因此这种算法的稳健性较差。

迄今为止，基于开放式方程模型的整体优化还处于研究阶段，真正应用于现场流程级的在线操作优化报道还比较少，主要还有以下问题需要解决：

①整体优化的执行频率。执行在线优化所需时间和系统稳态的回复时间决定着最快的优化执行频率。如果过程稳态回复时间过长，稳态优化就会失去意义。

②整体优化的实时性。随着整体优化区域的扩大，问题规模迅速增大，能否满足在线优化的实时性问题。

③整体优化的稳健性。当生产过程中任一设备发生故障，将破坏整体优化的数学模型，整个系统最优化就必须停止。

2.基于非传统模型的稳态优化方法

近些年来发展了一些新的建模方法，如模糊建模、人工神经网络建模、小波建模等，相应地促进了基于非传统模型的优化算法的发展。

(1)搜索优化方法

搜索优化方法在优化方法中是很早就发展了的一类方法。对简单问题，搜索法可能比基于梯度或导数的方法慢，但它直接利用目标函数各点的函数值，而不要求目标函数的正则性、连续性等，因此对解决实际问题来说，可能更简便易行。

搜索方法大体可分为确定性搜索方法和随机搜索方法。发展较早的直接搜索法、可变多面体搜索法、Powell 法、Rosenbrock 法等都属于确定性搜索方法。随机搜索方法曾被称为最不精巧且效率最低的搜索技术，但随着计算机功能越来越强大，计算速度越来越快，随机搜索法不仅变得可行，而且由于算法简单易行而得到了很大发展。

(2)进化优化算法

近些年，借鉴达尔文的生物自然选择和遗传思想，发展了一类计算方法，被统称为进化计算(Evolutionary Computation，EC)或进化算法(Evolutionary Algorithms，EA)。优化问题是当前进化计算研究和应用的重点，因此这种方法通常也称为进化模拟或优化。

进化算法通常以三种形式出现，即遗传算法(GA)、进化规划(EP)和进化策略(ES)，其中研究最为深入持久是遗传算法，应用面也最广。上述三个分支本来是独立发展的，但随着学术交流的日益增进，三种方法的思想相互渗透、交融，使得目前三个分支之间差别越来越小。

进化算法模拟生物进化的过程，先对问题的解变号进行编码，产生初始群体。考察群体的适应性，如不满足条件，则经选择、交叉、变异等算子操作，产生下一代群体。经过一代又一代的“进化”，最终达到参数空间的全局最优点。

与其他优化算法相比，进化算法作为优化算法的突出优点主要包括：

①进化算法采用随机搜索策略，更容易摆脱局部最优，而达到全局最优。

②进化算法的搜索过程是由一组解到另一组解，实质上是一种并行算法，因而搜索效率高。

③进化算法不需要很多的问题领域的专业知识或启发式信息，对函数本身及搜索空间没有正则、可微等要求，不需要导数、梯度信息，因而适用范

围广，对问题的适应性强，稳健性好，实现也更方便。

④由于吸收了自然选择、生物进化的思想，同一般的随机搜索方法相比，减少了盲目性，因而提高了效率。

总之，自进化优化算法诞生以来，其基础理论和应用研究方面都有了很大的发展。同时，进化算法具有开放式结构，可以很方便地同其他方法结合或引入其他思想构成新的算法。

参考文献

[1]姜春瑞,刘丽. 自动控制原理与系统. 北京:北京大学出版社,2005.

[2]张存礼,王辉. 自动控制原理与系统. 北京:北京师范大学出版社,2007.

[3]王划一,杨西侠. 自动控制原理(第2版). 北京:国防工业出版社,2010.

[4]贺力克. 自动控制技术. 北京:科学出版社,2009.

[5]杨平,翁思义,郭平. 自动控制原理——理论篇. 北京:中国电力出版社,2009.

[6]张岳,白霞,孔晓红. 自动控制原理. 北京:清华大学出版社,2005.

[7]田思庆,梁春英,程佳生. 自动控制理论. 北京:中国水利水电出版社,2008.

[8]高金玉. 自动控制原理与应用. 西安:西安电子科技大学出版社,2009.

[9]谢克明. 自动控制原理(第2版). 北京:电子工业出版社,2009.

[10]王锁庭,李洪涛. 自动控制原理. 北京:化学工业出版社,2009.

[11]胡寿松. 自动控制原理(第五版). 北京:科学出版社,2007.

[12]何衍庆,黄海燕,黎冰. 集散控制系统原理及应用(第三版). 北京:化学工业出版社,2009.

[13]宫淑贞,徐世许. 可编程控制器原理及应用. 北京:人民邮电出版社,2009.

[14]郭一楠,常俊林,赵峻等. 过程控制系统. 北京:机械工业出版社,2009.

[15]严爱军,张亚庭,高学金. 过程控制系统. 北京:北京工业大学出版社,2010.

[16]王慧. 计算机控制系统(第二版). 北京:化学工业出版社,2005

[17]王建华,黄河清. 计算机控制技术. 北京:高等教育出版社,2003.

[18]李正军. 计算机控制系统. 北京:机械工业出版社,2009.

[19]宁立伟. 机床数控技术. 北京:高等教育出版社,2010.

[20]周文玉，杜国臣，赵先仲，李伟. 数控加工技术. 北京：高等教育出版社，2010.

[21]张福润，严育才. 数控技术. 北京：清华大学出版社，2009.

[22]龚仲华. 数控技术. 北京：机械工业出版社，2010.